T0193316

essentials

essentials liefern aktuelles Wissen in konzentrierter Form. Die Essenz dessen, worauf es als „State-of-the-Art" in der gegenwärtigen Fachdiskussion oder in der Praxis ankommt. *essentials* informieren schnell, unkompliziert und verständlich

- als Einführung in ein aktuelles Thema aus Ihrem Fachgebiet
- als Einstieg in ein für Sie noch unbekanntes Themenfeld
- als Einblick, um zum Thema mitreden zu können

Die Bücher in elektronischer und gedruckter Form bringen das Expertenwissen von Springer-Fachautoren kompakt zur Darstellung. Sie sind besonders für die Nutzung als eBook auf Tablet-PCs, eBook-Readern und Smartphones geeignet. *essentials:* Wissensbausteine aus den Wirtschafts-, Sozial- und Geisteswissenschaften, aus Technik und Naturwissenschaften sowie aus Medizin, Psychologie und Gesundheitsberufen. Von renommierten Autoren aller Springer-Verlagsmarken.

Weitere Bände in der Reihe http://www.springer.com/series/13088

Kryss Waldschläger

Mikroplastik in der aquatischen Umwelt

Quellen, Senken und Transportpfade

 Springer Vieweg

Kryss Waldschläger
Institut für Wasserbau
und Wasserwirtschaft
RWTH Aachen University
Aachen, Deutschland

ISSN 2197-6708   ISSN 2197-6716   (electronic)
essentials
ISBN 978-3-658-27765-9   ISBN 978-3-658-27766-6   (eBook)
https://doi.org/10.1007/978-3-658-27766-6

Die Deutsche Nationalbibliothek verzeichnet diese Publikation in der Deutschen Nationalbiblio-
grafie; detaillierte bibliografische Daten sind im Internet über http://dnb.d-nb.de abrufbar.

Springer Vieweg ist ein Imprint der eingetragenen Gesellschaft Springer Fachmedien Wiesbaden
GmbH und ist ein Teil von Springer Nature.
Die Anschrift der Gesellschaft ist: Abraham-Lincoln-Str. 46, 65189 Wiesbaden, Germany

Was Sie in diesem *essential* finden können

- Eine kurze Einführung in die Welt des Mikroplastiks, dessen Eigenschaften und Verbreitung in der Umwelt
- Eine fundierte Betrachtung der Risiken, die von Mikroplastik ausgehen, sodass Sie sich am Ende eine eigene Meinung bilden können
- Ein Grundverständnis für die noch herrschenden Wissenslücken
- Einen bewussteren Umgang mit Plastik im Alltag

Danksagung

Die Autorin dankt der Deutschen Bundesstiftung Umwelt (DBU) für die Unterstützung ihrer Promotion im Rahmen des Promotionsstipendienprogramms sowie Herrn Prof. Schüttrumpf für seine fachliche Unterstützung.

Inhaltsverzeichnis

Über die Autorin

Kryss Waldschläger, M.Sc. RWTH, Institut für Wasserbau und Wasserwirtschaft der RWTH Aachen University, Mies-van-der-Rohe-Str. 17, 52074, Aachen, waldschlaeger@iww.rwth-aachen.de, Institutswebsite: www.iww.rwth-aachen.de

Einleitung

1

Unsere Erde – der blaue Planet. Auf Aufnahmen aus dem Weltall prägen die Gewässer das Aussehen der Erdoberfläche und das Wasser ist die Grundlage allen Lebens. Allein die Ozeane bedecken mit einem Volumen von etwa 1370 km^3 drei Viertel der Erdoberfläche (Podbregar und Lohmann 2014). Doch die Ozeane, Meere und auch die Binnengewässer werden von uns Menschen immer weiter zerstört.

Mit dem anthropogen verursachten Klimawandel, der Überfischung von Fischbeständen und der Versauerung der Ozeane greifen wir seit Jahren in den Temperaturhaushalt und die Ökologie der aquatischen Umwelt ein. Doch seit einiger Zeit bekommt besonders die Verschmutzung unserer Umwelt durch Plastik große Aufmerksamkeit. Dieses Problem erkannte auch die UN im Jahr 2016, sodass sie in den Zielen der nachhaltigen Entwicklung (Sustainable Development Goals) unter Ziel 14 das „Leben unter Wasser – Bewahrung und nachhaltige Nutzung der Ozeane, Meere und Meeresressourcen" benannte. Konkret wird dort die Minimierung der Meeresverschmutzung besonders hinsichtlich landbasierter Meeresabfälle gefordert.

Trotzdem wird jedes Jahr mehr Plastik produziert, das unter anderem über unzureichende Abfallentsorgung in die Umwelt gelangt. So wurden seit 1950 weltweit 8,3 Mrd. t Kunststoff erzeugt (Geyer et al. 2017). Allein in Deutschland verursacht jeder Einwohner durchschnittlich 524,4 kg kommunale Abfälle pro Jahr (OECD 2017), von denen ein großer Teil aus Plastik besteht. Von diesem Produktionsvolumen gelangen laut ersten Studien jährlich 4 bis 12 Mio. t Kunststoff in die Ozeane (Jambeck et al. 2015), wo sich der Kunststoffabfall aufgrund seiner Langlebigkeit als Mikro- oder Makroplastik akkumulieren kann und viele Gefahren mit sich bringt (Abb. 1.1).

© Springer Fachmedien Wiesbaden GmbH, ein Teil von Springer Nature 2019
K. Waldschläger, *Mikroplastik in der aquatischen Umwelt,* essentials,
https://doi.org/10.1007/978-3-658-27766-6_1

Abb. 1.1 Mikroplastik, welches an einem Strand auf Lanzarote gefunden wurde

   In der Online-Presselandschaft finden sich immer häufiger Überschriften wie „Das Plastik in uns" (Zeit Online), „Tonnenweise Mikroplastik durch Reifenabrieb" (MDR) und „Kunstrasen als ‚ökologische Kleinkatastrophe'" (Süddeutsche.de). Die zugehörigen Artikel zeichnen jedoch nur selten ein fundiertes und umfassendes Bild der Problematik. Häufig werden zwar aktuelle Studien zitiert, jedoch werden die Beiträge oft an einzelnen Sätzen, die besonders plakativ klingen, aufgehangen. Was an den Schlagzeilen zu Mikroplastik wirklich dran ist und ob das sonntägliche Fußballspiel auf dem Kunstrasenplatz wirklich so schädlich ist, erfahren Sie auf den folgenden Seiten. Dieses Buch dient als grobe Einleitung in die Thematik Mikroplastik und gibt den aktuellen Forschungsstand übersichtlich wieder. Auf das ebenfalls wichtige Makroplastik wird im Folgenden nicht tiefergehend eingegangen, da dies ein ebenso umfangreiches Forschungsgebiet ist und den Rahmen dieses Buches übersteigen würde.

   Verwendet wird im Folgenden ausschließlich der Begriff Mikroplastik, obwohl im Deutschen häufig auch von Mikrokunststoffen gesprochen wird.

Historie und Begriffsbestimmung

Bei der Betrachtung des Themas Mikroplastik sollte zunächst auf den Wortteil des – *plastiks* näher eingegangen werden. Ursprung des Wortes ist das griechische *plastikos,* welches schon im 17. Jahrhundert Objekte beschrieb, die geformt werden konnten oder für das Formen geeignet waren. Heute steht der Begriff für eine Materialgruppe mit sehr variablen Eigenschaften und vielseitigen Anwendungen, die betrachtet werden sollten, um das Problem des Mikroplastiks besser zu verstehen. Im Folgenden werden daher zunächst die Historie der Kunststoffindustrie sowie die positiven und negativen Aspekte des Werkstoffs Kunststoff vorgestellt. Anschließend wird das Thema Mikroplastik eingehender behandelt und die Definitionen und Ausprägungen der definierenden Eigenschaften betrachtet.

2.1 Kunststoffe

Kunststoff (ugs. Plastik) bildet eine Unterkategorie der größeren Materialklasse der Polymere und hat sich aufgrund seiner herausragenden Eigenschaften, wie Beständigkeit und Formbarkeit, kombiniert mit einer kostengünstigen Produktion, in einem breiten Anwendungsspektrum gegenüber natürlichen Materialien wie Holz durchgesetzt. Besonders in den Jahren nach dem 2. Weltkrieg wurden diese Eigenschaften sehr geschätzt, da robuste Produkte hierdurch sowohl günstig als auch zeiteffizient hergestellt und Lieferengpässe von natürlichen Materialien umgangen werden konnten. In Kombination mit einer industriellen Fertigung nahm die Kunststoffproduktion daher ab 1950 exponentiell zu, sodass Kunststoff seit den Siebzigern zu den am häufigsten verwendeten Materialen zählt (Hester und Harrison 2019). Aktuell liegt die jährliche Produktion bei rund 348 Mio. t Kunststoff (zuzüglich der Fasern aus PET, PA, PP und Polyacryl) und die Tendenz

© Springer Fachmedien Wiesbaden GmbH, ein Teil von Springer Nature 2019
K. Waldschläger, *Mikroplastik in der aquatischen Umwelt,* essentials,
https://doi.org/10.1007/978-3-658-27766-6_2

ist weiter steigend (PlasticsEurope 2016). Insgesamt wurden weltweit bisher rund 8,3 Mrd. t Plastik produziert, von denen mehr als die Hälfte allein in den letzten 13 Jahren produziert wurden (Geyer et al. 2017).

Kunststoffarten
Kunststoffe werden aufgrund ihrer thermischen und mechanischen Eigenschaften grundsätzlich in Thermoplaste (Plastomere), Elastomere und Duroplaste unterteilt (s. Abb. 2.1).

Thermoplastische Kunststoffe haben lineare oder verzweigte, jedoch nicht vernetzte Makromolekülketten. Aufgrund dieser chemischen Struktur können sie eingeschmolzen und neu geformt werden und sind somit rezyklierbar. Auch deshalb machen sie 73 % der weltweiten Kunststoffproduktion aus. Bekannte Thermoplaste sind Polypropylen (PP), Polyethylen (PE), Polystyrol (PS) und Polyvinylchlorid (PVC).

Duroplaste weisen eine engmaschigere Polymerstruktur auf, die sie sehr stabil, aber auch thermisch irreversibel vernetzt und damit nicht rezyklierbar macht. Ein bekanntes Beispiel für ein Duroplast ist Epoxidharz.

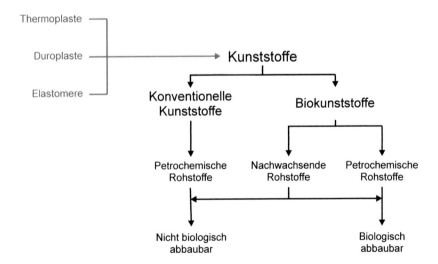

Abb. 2.1 Einteilung der Kunststoffarten

Elastomere haben eine weitmaschige und flexibel chemisch vernetzte Struktur, die zu elastischen Eigenschaften führen. Durch die starke Vernetzung sind ein Einschmelzen und eine anschließende Weiterverarbeitung auch hier nicht möglich. Zu den Elastomeren wird beispielsweise Synthesekautschuk gezählt (Hopmann und Michaeli 2015).

Zusammengenommen eignen sich diese drei Kunststoffarten mit ihren unterschiedlichen Eigenschaften für eine Vielzahl von Anwendungen.

Aufgrund steigender Produktionszahlen und unsachgemäßer Handhabung durch Hersteller und Verbraucher gelangen jedoch immer mehr Kunststoffabfälle in die Umwelt und akkumulieren sich dort aufgrund ihrer hohen Beständigkeit. Zusätzlich benötigt die jährliche Kunststoffproduktion mittlerweile etwa 8 % des globalen Erdölverbrauchs (Thompson et al. 2009), was dem Doppelten dem gesamten jährlichen Ölbedarf Afrikas in 2018 entspricht (BP 2019). Um die Abhängigkeit von fossilen Brennstoffen zu verringern und der zunehmenden Umweltbelastung durch Kunststoffabfälle entgegenzuwirken, wurden daher sogenannte Biopolymere oder *Biokunststoffe* entwickelt. Unter diesem Überbegriff werden die folgenden zwei Materialgruppen zusammengefasst:

- **Biobasierte Kunststoffe:** Diese Werkstoffe werden aus nachwachsenden Rohstoffen wie Cellulose, Stärke oder Milchsäure hergestellt. Bekannte Vertreter sind PLA (Polymilchsäure) und PHA (Polyhydroxyalkanoate). Entgegen einer weit verbreiteten Meinung muss diese Art des Kunststoffs nicht biologisch abbaubar sein, da die Abbaubarkeit eines Stoffes von seiner molekularen Struktur abhängt.
- **Biologisch abbaubare Kunststoffe:** So werden in der EU Verbundwerkstoffe von konventionellen Kunststoffen und organischen Anteilen wie Stärke genannt, die nach der Definition der Europäischen Norm (EN) 13432 biologisch abbaubar sind. Diese Kunststoffe können in allen herkömmlichen Polymerarten hergestellt werden und sind daher über ihre Bezeichnung nicht von gänzlich erdölbasierten Kunststoffen zu unterscheiden.

Biopolymere gelten derzeit als einzig mögliche Alternative zu erdölbasierten Kunststoffen (Geyer et al. 2017). Doch auch Biokunststoffe haben Nachteile. So äußerten einige Fachleute Kritik an der Definition der biologischen Abbaubarkeit, wie sie die EN 13432 festlegt.

Demnach gilt nämlich:

▶ „Biologische Abbaubarkeit im wässrigen Medium (Sauerstoffbedarf und Entwicklung von CO_2): Es ist nachzuweisen, dass mindestens 90 % des organischen Materials in 6 Monaten in CO_2 umgewandelt werden."

Nach dieser Definition muss sich zwar der *organische Anteil* der Biopolymere zersetzen, die restlichen Bestandteile, wenn sie nur anteilig biobasiert sind, werden jedoch nicht diskutiert. Darüber hinaus sind die für die Zersetzung erforderlichen warmen und aeroben Bedingungen in der Umwelt selten anzutreffen, sodass die Zersetzungszeiträume der organischen Bestandteile unter natürlichen Bedingungen deutlich länger sind als von der Norm gefordert. Ein Beispiel dafür sind sogenannte kompostierbare Abfallsäcke, die für den Biomüll gedacht sind. In Wirklichkeit werden diese Tüten jedoch von den Entsorgungsunternehmen abgelehnt, weil sie in den Kompostieranlagen nicht schnell genug verrotten und daher kaum weniger schädlich sind als herkömmliche Plastiktüten. Hinsichtlich der Umweltverträglichkeit von Biopolymeren trifft die Norm nämlich keine Aussage, sodass sie für die Zulassung neuer Materialien nicht geprüft werden muss. Erste Studien konnten bereits nachweisen, dass Biokunststoffe genauso umweltschädlich sein können wie konventionelle Kunststoffe (Balestri et al. 2019). Bei der Verwendung von Biopolymeren ist daher Vorsicht geboten.

Eine Übersicht der einzelnen Kunststoffarten gibt Abb. 2.1.

Kunststoffproduktion
Ein genauerer Blick auf die Produktionszahlen der Kunststoffindustrie zeigt, dass in der EU zwar etwa 30.000 unterschiedliche Polymerarten registriert sind (Horton et al. 2017), aber einige wenige einen großen Teil der Produktion ausmachen. So vereinen Polyethylen (PE), Polypropylen (PP) und Polyvinylchlorid (PVC) über 80 % der gesamten Kunststoff-Produktion. Diese *Massenkunststoffe* werden vorwiegend für Alltagsgegenstände wie Plastiktüten, Einwegverpackungen und Haushalts-Maschinen, aber auch für die Innenausstattung von Pkw sowie als Rohre und Isoliermaterial in der Bauindustrie eingesetzt. Weitere Polymerarten, die vergleichsweise häufig hergestellt werden, sind Polystyrol (PS) und Polyethylenterephthalat (PET). Tab. 2.1 gibt eine Übersicht der gängigsten Polymerarten sowie derer Anwendungsbereiche, Dichten und Produktionsanteile. Biopolymere sind in der Tabelle nicht enthalten, da sie im Jahr 2018 nur einen Marktanteil von etwa 1 % (2 bis 4 Mio. t jährlich) der jährlichen Kunststoffproduktion ausmachten (European Bioplastics e. V. 2019).

Tab. 2.1 Dichten, Abkürzungen, Produktionsanteile der Gesamtkunststoffproduktion und Einsatzfelder der üblichen Polymerarten. (Andrady 2011; Duis und Coors 2016; Somborn-Schulz 2017)

Polymername	Abkürzung	Dichte [g/cm³]	Produktionsanteil [%]	Produkte
Polyethylen	PE	0,89–0,98	38	Plastiktüten, Microbeads
Polypropylen	PP	0,83–0,92	24	Seile, Flaschenverschlüsse, Ausrüstungen, Trinkhalme
Polyvinylchlorid	PVC	1,3–1,4	19	Folien, Rohre, Fensterrahmen
Polyethylenterephthalat	PET	0,96–1,45	7	Flaschen, Polyester-Fasern
Polystyrol (nicht-expandiert)	PS	1,04–1,1	6	Lebensmittelverpackungen wie Joghurtbecher
Polystyrol (expandiert)	EPS	0,01–0,04		Kühlboxen, Bojen, Becher, Styropor
Polyamid (Nylon)	PA	1,02–1,16	<3	Kleidung, Fischernetze

Ein Problem der immensen Kunststoffproduktion ist der Teil der Abfallmenge, der in die Umwelt gelangt. Dabei bergen einige Produkte größere Risiken als andere. Produkte mit kurzer Lebensdauer, wie Einwegverpackungen und Plastiktüten, haben ein höheres Umweltverschmutzungspotenzial als beispielsweise Produkte aus der Bauindustrie, welche durchschnittlich 35 Jahre lang eingesetzt werden. Jambeck et al. (2015) ermittelten hierzu auf Grundlage von Müllproduktionsraten, Populationsdichte und ökonomischen Rahmenbedingungen einen Eintrag von 4,8 bis 12,7 Mio. t Plastik in die marine Umwelt für 2010, dem eine gesamte Abfallgenerierung von 2,5 Mrd. t häuslicher Abfälle bzw. 275 Mio. t Kunststoffabfall zugrunde liegt. Demnach gelangen bis zu 4,6 % des jährlichen Plastikabfalls in die Umwelt.

2.2   Mikroplastik

In den letzten Jahrzehnten wurde so viel Kunststoff in die Umwelt eingebracht,
dass sich auch die Wissenschaft dem Problem gewidmet hat. Die erste Studie über
die Folgen der enormen Produktion von Kunststoffen wurde 1972 von Carpenter
und Smith publiziert. Sie untersuchten die Oberfläche der Sargasso-See hinsichtlich der Plastikbelastung und fanden dabei durchschnittlich 3500 Partikel/km^2.
Viele der Partikel hatten Abmessungen zwischen 0,25 und 0,5 cm. Diese Erkennt-
nisse können als Startschuss für die Untersuchung von Kunststoffen in der Umwelt
angesehen werden. Es sollte jedoch noch einige Zeit dauern, bis der Begriff
Mikroplastik allgemein anerkannt wurde. Erstmalig verwendet wurde der Begriff
„Mikroplastik" *(micro-plastic particles)* von Ryan (1988) in einer Studie über die
Kunststoffverschmutzung an Stränden in Südafrika, doch erst nach der Verwendung
durch Thompson et al. in ihrer Studie „Lost at sea – Where is all the plastic at?"
im Science-Magazin im Jahr 2004 wurde die Bezeichnung in der Wissenschaft allgemein gebräuchlich. Wie Abb. 2.2 zeigt, ist nach diesen Berichten die Anzahl der
Studien zu Mikroplastik enorm gestiegen.

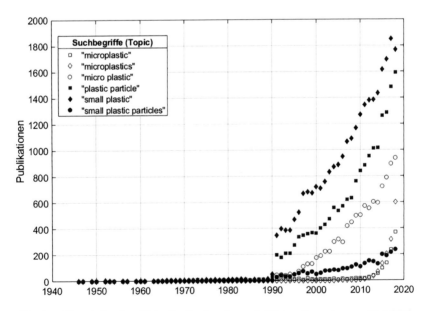

Abb. 2.2 Kumulative Anzahl der Studien in wissenschaftlichen Journalen zu unterschiedlichen Suchbegriffen über die letzten Jahre

Definition

Mikroplastikpartikel werden heute in der Regel nach den Charakteristika Größe, Polymer, Ursprung und Form klassifiziert (Wagner et al. 2014). Diese Eigenschaften und ihre möglichen Ausprägungen werden im Folgenden näher beschrieben sowie in Abb. 2.3 dargestellt.

Im Jahr 2009 führten Arthur et al. die PARTIKELGRÖßE als erste definierende Eigenschaft für Mikroplastik ein. Während eines Workshops der National Oceanic and Atmospheric Administration (NOAA) wurde die Definition von Mikroplastik demnach wie folgt festgelegt:

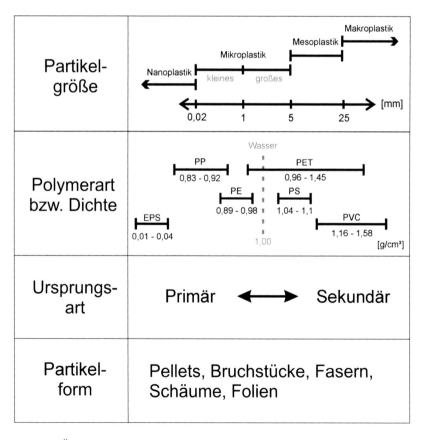

Abb. 2.3 Übersicht der einzelnen Charakteristika von Mikroplastik

▶ „Plastic particles smaller than 5 mm"

Im Abschlussdokument des Workshops wurde außerdem festgestellt, dass keine untere Grenze der Partikelgröße definiert werden müsse. Dies ist dadurch gerechtfertigt, dass in der Probenahme vorwiegend Netze mit Maschenweiten von 333 µm verwendet werden, was eine inoffizielle Eingrenzung darstellt. Aufgrund weiterentwickelter Mess- und Analysetechnik werden mittlerweile in einigen Studien jedoch Partikel bis 20 µm bestimmt. Außerdem verwenden einige Studien 1 mm als obere Partikelgrenze, da die Definition der NOAA der in der Wissenschaft üblichen Klassifizierung von „Mikro" (1–1000 µm) widerspricht. Die Problematik einer fehlenden, allgemein anerkannten Eingrenzung des Begriffs Mikroplastik führte dazu, dass die Studien zu Mikroplastikkonzentrationen in der Umwelt kaum vergleichbar sind, weshalb viele Wissenschaftler eine einheitliche Definition fordern (Frias und Nash 2019).

Häufig angewendet wird eine Einteilung, welche neben Mikroplastik auch Meso- und Makroplastik betrachtet (Wagner et al. 2014) und in Abb. 2.3 dargestellt ist.

Da die Partikelgröße von der POLYMERART unabhängig ist, kann Mikroplastik grundsätzlich aus allen Polymerarten entstehen. Bei bisherigen Beprobungen von Flüssen wurden vorwiegend Polyethylen (PE), Polypropylen (PP) sowie Polystyrol (PS) gefunden. Diese drei Polymerarten machten dabei meistens zwischen 75 und 100 % der gesamten Mikroplastikmenge aus (Waldschläger und Schüttrumpf 2019). Dies ist zum einen auf die hohen Produktionsanteile dieser Polymere und zum anderen auf ihre Dichte zurückzuführen. Die Dichte ist ein sehr wichtiger Faktor, welcher das Verhalten der Partikel in der Umwelt maßgeblich beeinflusst. Während EPS, PP und PE leichter sind als Wasser und in Gewässern somit auftreiben, sind PET, PS und PVC schwerer als Wasser und sedimentieren daher schneller (vgl. Abb. 2.3). Durch die Belegung der Oberfläche mit Mikroorganismen (Biofilmbildung), Bakterien und Pilzen, können jedoch auch Partikel mit einer geringeren Dichte als Wasser allmählich „schwerer" werden, sodass sie mit der Zeit sedimentieren. Ebenso können schwerere Partikel bei starker Strömung in der Wassersäule oder sogar an der Wasseroberfläche transportiert werden. Da die Probennahme in den meisten Studien an der Wasseroberfläche geschieht, ist jedoch trotzdem ein erhöhter Nachweis von Polymeren zu beobachten, die leichter als Wasser sind, während die schwereren Polymerarten durch diese Probenahmemethodik nicht umfassend erfasst werden können.

Unterteilt wird Mikroplastik außerdem nach seiner URSPRUNGSART in primäres und sekundäres Mikroplastik. Cole et al. (2011) definierten hierzu:

▶ „Plastics that are manufactured to be of a microscopic size are defined as primary microplastics. [...] Secondary microplastics describe tiny plastic fragments derived from the breakdown of larger plastic debris, both at sea and on land."

Während primäres Mikroplastik demnach bereits in Dimensionen kleiner 5 mm hergestellt wird, beispielsweise als Präproduktionspellets und Abrasionspartikel, entsteht sekundäres Mikroplastik in der Umwelt aus größerem Plastik. Der Prozess der Zerkleinerung wird entweder als Fragmentierung (mechanisch) oder als Degradation (chemischer Abbau) bezeichnet. Bei der Degradation werden fünf Varianten unterschieden:

- Biologischer Abbau: infolge lebender Organismen, üblicherweise Mikroben
- Photodegradation: infolge Licht, üblicherweise Sonneneinstrahlung
- Thermooxidative Degradation: langsamer oxidativer Abbau bei mäßiger Temperatur
- Thermale Degradation: Reaktion bei hohen Temperaturen (kein in der Natur üblicherweise vorkommender Prozess)
- Hydrolyse: Reaktion mit Wasser

In der Umwelt sind Kunststoffe besonders den UV-B-Strahlen der Sonne ausgesetzt, solange sich kein Biofilm auf ihrer Oberfläche abgelagert hat. Neben der Photodegradation findet in den Gewässern außerdem die thermooxidative Degradation statt, während die Hydrolyse aufgrund ihres geringen Einflusses in der Umwelt vernachlässigt werden kann. Sind die Plastikpartikel ausreichend zerkleinert, kann es theoretisch zu einem biologischen Abbau über Mikroben kommen. Da in der Umwelt jedoch kaum polymerabbauende Mikrobenarten vorkommen, werden die üblichen Kunststoffsorten auf diese Weise nur selten abgebaut. Darüber hinaus verlangsamen die niedrigen Temperaturen und Sauerstoffgehalte in vielen Gewässern die Geschwindigkeit der Zerkleinerung. Im Allgemeinen ist die Photodegradation der schnellste Prozess, weshalb die Umweltbedingungen für am Strand liegende Kunststoffe deutlich besser sind als im Wasser (Andrady 2011).

In den vergangenen Jahren wurden immer mehr Ursprünge von primäres und sekundäres Mikroplastik identifiziert und zusammengetragen. Eine Übersicht der bekannten Ursprünge gibt Tab. 2.2.

Mikroplastik kann, unabhängig von der Polymerart, in sehr variablen FORMEN vorkommen. Dazu zählen Pellets, Bruchstücke, Filamente/Fasern, Schäume, Folien und Microbeads. Je nach Produktionsart können die Pellets als Zylinder, Scheiben oder Kugeln vorliegen, sie zählen jedoch immer zum primären Mikroplastik. Bruchstücke und Fasern entstehen vorwiegend über die Degradation und

Tab. 2.2 Auflistung bekannter Mikroplastik-Ursprünge, sortiert nach primärem und sekundärem Mikroplastik. (Ergänzt nach Duis und Coors 2016)

Primäres Mikroplastik	Sekundäres Mikroplastik
Spezifische Körperpflegeprodukte/ Kosmetika	Allgemeine Vermüllung (Littering), Deponierung von Kunststoffabfällen
Spezifische medizinische Anwendungen (z. B. Zahnpflege)	Abfallverluste bei der Abfallsammlung, auf Deponien und auf Recyclinganlagen
Bohrflüssigkeiten für die Öl- und Gasexploration	Verluste von Kunststoffmaterialien bei Naturkatastrophen
Industrieschleifmittel	Synthetische Polymerpartikel zur Verbesserung der Bodenqualität und als Kompostierzusatzstoff
Präproduktions-Pellets, Produktionsabfälle, Kunststoffgranulat: Unfallverluste, Run-Off von Verarbeitungsanlagen	Freisetzung von Fasern aus synthetischen Textilien durch Abrieb
	Reifenabrieb
	Farben auf Basis synthetischer Polymere (Schiffsfarben, Hausfarben, Straßenfarben): Abrieb während des Gebrauchs und Entlackung, Verschüttung, illegale Verklappung
	Abrieb anderer Kunststoffmaterialien (z. B. Haushaltskunststoffe)
	Kunststoffbeschichtetes oder laminiertes Papier: Verluste in Papierrecyclinganlagen
	Material, das von Fischereifahrzeugen und Aquakulturanlagen verloren geht oder entsorgt wird
	Material, das von Handelsschiffen (einschließlich verlorener Ladung), Freizeitbooten, Öl- und Gasplattformen verloren geht oder entsorgt wird
	Material, das durch mechanische Bearbeitung (Schleifen, Bohren) von Kunststoffprodukten entsteht

Fragmentierung und gehören daher zum sekundären Mikroplastik. Abb. 2.4 zeigt einen kleinen Überblick der unterschiedlichen Mikroplastik-Formen.

Während die Konzentrationen von Mikroplastik in Form von Pellets und Bruchstücken in Umweltproben vergleichsweise gut bestimmt werden können, ist die Messung der Umweltbelastung mit Mikroplastik-Fasern wesentlich schwieriger (Bagaev et al. 2017). Einerseits ist die Probenahme aufgrund des kleinen

Abb. 2.4 Unterschiedliche Mikroplastikformen. Von links: Pellet, Bruchstück, Faser, Kugel

Faserdurchmessers sehr kompliziert, andererseits müssen bei der Analyse der Umweltproben viele Sicherheitsvorkehrungen getroffen werden. Da Fasern sehr leicht über die Luft transportiert werden und sich beispielsweise von synthetischer Kleidung lösen können, ist die Gefahr einer Fremdkontamination groß. Aufgrund dieser Probleme haben Wissenschaftler lange diskutiert, ob die Definition von Mikroplastik Fasern überhaupt umschließt. Mittlerweile werden sie zu Mikroplastik gezählt, sind jedoch in vielen Studien unterrepräsentiert. Allerdings herrscht immer noch keine Einigung in der Frage, ob bei Fasern die Länge oder der Durchmesser kleiner als 5 mm sein müssen, damit sie zum Mikroplastik gezählt werden können.

Alle wichtigen Charakteristika sind in folgender Definition nach Frias und Nash (2019) erwähnt, wobei mit 1 μm statt 20 μm eine andere untere Grenze angesetzt wird:

▶ „Microplastics are any synthetic solid particle or polymeric matrix, with regular or irregular shape and with size ranging from 1 μm to 5 mm, of either primary or secondary manufacturing origin, which are insoluble in water."

Die Mikroplastikforschung ist ein ausgesprochen interdisziplinäres Forschungsfeld, in dem u. a. Ozeanografen, Hydrologen, Toxikologen und Chemiker zusammenarbeiten müssen, wodurch eine genaue und allgemein anerkannte Definition von Mikroplastik besonders wichtig ist.

Quellen und Eintragspfade von Mikroplastik

3

Mikroplastik gelangt sowohl über punktuelle, als auch über diffuse Eintragspfade in die aquatische Umwelt. Eine umfangreiche Zusammenstellung der wichtigsten Quellen und Eintragspfade in die Binnengewässer und Ozeane gibt Abb. 3.1.

3.1 Quellen von Mikroplastik

Als Quellen werden im Folgenden die Orte, Produkte und Industrien genannt, in bzw. aus denen Mikroplastik produziert wird oder entsteht.

Industrielle Kunststoffproduktion verwendet in der Weiterverarbeitung vorwiegend Präproduktionspellets (Granulat). Diese Form ist leicht zu transportieren und erleichtert die Beschickung der Anlagen in der Verarbeitung. Auch während des Recyclingprozesses werden diese Pellets häufig erzeugt, indem gebrauchte Kunststoffe nach Polymerart sortiert, zerkleinert, gereinigt, aufgeschmolzen und anschließend in Granulat gegossen oder gespritzt werden. Die Pellets haben meistens eine Größe zwischen 4 und 8 mm und weisen je nach Produktionsart unterschiedliche Formen (z. B. zylindrisch, linsenförmig) auf. Sie gelangen über Verluste während des Transports oder auf der Betriebsanlage in die Umwelt. Aus diesem Grund haben im Jahr 2015 bereits 21 deutsche Unternehmen den *„Zero-Pellet-Loss"* – *Pakt* unterschrieben. Dieser umfasst 10 Maßnahmen, die zu einer Minimierung der Pelletverluste führen sollen. Zu diesen Maßnahmen zählen beispielsweise die *„sorgfältige Entsorgung von losem Granulat"* sowie die *„Installation zentraler Absaugsysteme, wo dies praktikabel ist"*. Ähnliche Ansätze (z. B. Operation Clean Sweep) werden auch in anderen Ländern umgesetzt, sodass dieser Eintrag in Zukunft immer weiter verringert werden kann. Eine rechtlich verpflichtende Anordnung zum Umgang mit Pellets gibt es derzeit jedoch nicht.

© Springer Fachmedien Wiesbaden GmbH, ein Teil von Springer Nature 2019
K. Waldschläger, *Mikroplastik in der aquatischen Umwelt*, essentials,
https://doi.org/10.1007/978-3-658-27766-6_3

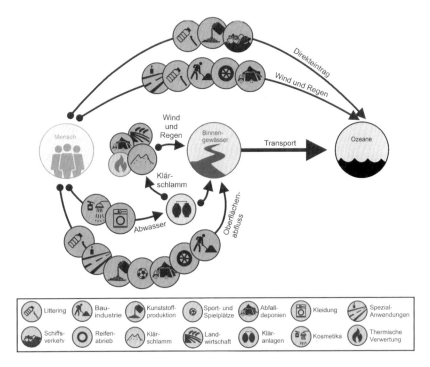

Abb. 3.1 Quellen und Eintragspfade von Mikroplastik in die Umwelt (geändert und erweitert nach Boucher 2017); Die thermische Verwertung von Klärschlamm ist hier grau unterlegt, da sie als endgültiger Austritt aus dem System gilt

Kosmetika werden im Zusammenhang mit Mikroplastik besonders häufig erwähnt. Die Gründe für die Verwendung von Mikroplastik in Kosmetika sind vielseitig, so tragen sie zu einer seidigen Textur bei, verbessern die Stabilität von Produkten und umkapseln aktive Wirkstoffe. Daher ergänzt Mikroplastik in Form von Silikonen, funktionalisierten Polymeren, hydrophile Gelbildner und Filmbildner viele Kosmetika. Ein häufige Anwendungsform sind Haut-Peelings, die Partikel im Größenbereich von 420 µm enthalten. Die dabei verwendeten Partikel können entweder rund, unregelmäßig zerfranst, ellipsen- oder faden-förmig sein und können aus allen größeren Kunststoffklassen wie PE, PP, PET, PA, PTFE, PMMA, PS, PUR und Co-Polymeren bestehen. Gerade in Peelings könnte Mikroplastik jedoch gut durch Partikel natürlicher Produkte wie Bims-stein, Walnussschalen oder Aktivkohle ersetzt werden (Napper et al. 2015). Das Problem bei Mikroplastik in Kosmetika ist, dass die Partikel größtenteils direkt nach der Anwendung (Zahnpasta, Duschgel, Peeling) in den Abfluss und damit in die Kanalisation gelangen. Im mengenmäßigen Vergleich zu anderen Quellen ist das Mikroplastik aus Kosmetika jedoch als vergleichsweise gering einzuschätzen. Gouin et al. (2015) gehen davon aus, dass etwa 11 % (2300 t/a) des in die Nordsee eingetragenen Mikroplastiks von Kosmetika stammt, andere Studien geben deutlich geringere Mengen an. Doch obwohl das mengenmäßige Gewicht relativ gering ist, ist die Anzahl an Partikeln aufgrund ihres kleinen Durchmessers enorm. Im Alltag kann die App *CodeCheck* bei der Wahl von mikroplastik-freier Kosmetik weiterhelfen, bei welcher der Strichcode von Produkten gescannt wird und anschließend direkt die Bestandteile hinsichtlich ihrer Umweltverträglichkeit und Humantoxizität bewertet werden. Übrigens darf Naturkosmetik generell kein Mikroplastik enthalten und ist daher immer die empfehlenswerte Wahl.

Kleidung besteht heutzutage häufig aus Kunstfasern wie Polyester, Nylon und Acrylfasern, und wenn wir sie waschen tragen wir unbeabsichtigt zum Mikroplastikeintrag in die Umwelt bei. Denn während des Waschgangs werden einzelne Fasern aus dem Stoff gelöst und gelangen so ins Abwasser. Pro Waschgang können das bis zu 1900 Fasern pro Kleidungsstück (Browne et al. 2011) oder bis zu 0,1 mg Fasern pro Gramm des Textils sein (Hernandez et al. 2017). Das entspricht einem anfänglichen Verlust von etwa 0,01 % des gewaschenen Materials pro Waschgang, wobei der Austrag im Laufe der Nutzungsdauer der Textilien nachlässt. Das Abwasser der Waschmaschinen gelangt anschließend in die Kläranlagen, welche die Fasern aufgrund ihrer Form schlecht zurückhalten können. Somit werden die Fasern als sekundäres Mikroplastik in die Gewässer eingetragen.

Littering das Verschmutzen von Flächen und Räumen durch die unsachgemäße Entsorgung von Müll, trägt zu der Plastikbelastung der Umwelt bei. Hierbei geht es vorwiegend um Makroplastik, welches in der Umwelt degradiert und zu sekundärem Mikroplastik wird. Die überwiegend gefundenen Müllstücke sind dabei Trinkflaschen, Flaschendeckel, Zigaretten und Wattestäbchen. Am häufigsten gelangen Zigarettenkippen in die Umwelt. Pro Jahr werden weltweit etwa 6 Billionen Zigaretten geraucht, wovon etwa *4,5 Billionen Zigarettenstummel* als Überbleibsel in der Umwelt landen. Das entspricht einem Gewicht von etwa 750.000 t (Novotny und Slaughter 2014). Über verschiedene Transportwege gelangen die Kippen am Ende beinahe immer in die Gewässer. Wenig bekannt ist, dass schon mit vier Zigarettenkippen 1 L Wasser mit Nikotin, Teer und andere Chemikalien so stark verunreinigt wird, dass Fische daran verenden (Slaughter et al. 2011). Die EU hat sich dem Littering-Problem angenommen und im Jahr 2018 eine Kunststoffstrategie *(A European Strategy for Plastics in a Cur-cular Economy)* vorgestellt, nach der bis 2030 alle Kunststoffverpackungen auf dem europäischen Markt recyclingfähig sein sollen und der Verbrauch von Einwegkunststoffen wie Trinkhalmen, Plastikbesteck und Plastikgeschirr, Plastik-Ballonhalter und Wattestäbchen deutlich reduziert werden soll.

Deponie können ebenfalls zu einer Mikroplastik-Quelle werden, obwohl die dort gelagerten Kunststoffabfälle ursprünglich richtig entsorgt wurden. Zwar sind sie mittlerweile in Deutschland und in vielen anderen europäischen Ländern gesetzlich verboten, jedoch tragen sie in den anderen Ländern noch immer zum Mikroplastikeintrag in die Umwelt bei. So wurden im Jahr 2016 27,3 % der Kunststoffabfälle in der EU deponiert, 31,3 % recycelt und 41,6 % energetisch verwertet (PlasticsEurope 2019). Besonders in Ländern mit einer langen Küstenlinie wie dem Vereinigten Königreich, Italien, Spanien, Griechenland und Kroatien ist die Nutzung von Abfalldeponien bedenklich, da ein Plastikeintrag in die Meere dort besonders einfach ist. Griechenland beispielsweise war 2016 einer der europäischen Spitzenreiter und hat beinahe 80 % seines Abfalls in Deponien gelagert (PlasticsEurope 2019). Das Plastik zersetzt sich auf den Deponien nicht, sondern zerfällt im Laufe der Zeit in Mikroplastikpartikel. So gehen Barnes et al. (2009) davon aus, dass praktisch alle Plastikprodukte, die jemals produziert und nicht thermisch verwertet wurden, noch immer als Ganzes oder als Fragmente in der Umwelt vorliegen. Über Deponiesickerwasser, Wind und Regen können diese Partikel in die Umwelt gelangen.

Reifen bestehen größtenteils aus einem Elastomer wie beispielsweise Styrol-Butadien-Kautschuk (SBR) oder Butadien-Kautschuk (BR). Im Straßenverkehr werden die Reifen abgenutzt und es entsteht Reifenabrieb, welcher zum einen zur Feinstaubbelastung, zum anderen zur Mikroplastikbelastung beiträgt. Die Partikel sind größtenteils kleiner als 100 µm, bei Pkws liegen die mittleren Partikelgrößen bei 65 µm, bei Lkw-Reifen bei 80 µm. Im globalen Durchschnitt entstehen pro Person 0,81 kg Reifenabrieb pro Jahr. In Abhängigkeit von Straßenbelag und Entwässerung gelangt ein Teil dieses Reifenabriebs in die Ozeane und trägt dort zu 5–10 % des gesamten Plastikeintrags bei (Kole et al. 2017). Die Bestimmung der Umweltbelastung mit Reifenabrieb gestaltete sich bisher sehr schwierig, da die Partikel aufgrund des hohen Rußanteils nicht mit den üblichen Analysemethoden wie einem FT-IR-Mikroskop (Fourier-Transform – Infrarotspektrometer) bestimmt werden können.

Sport- und Spielplätze müssen an dieser Stelle ebenfalls genannt werden, wie beispielsweise Kunstrasenplätze, Tartanbahnen oder Fallschutzmatten. Durch Verwehungen kann es bei ihnen zu einem großen Mikroplastikeintrag in die Umwelt kommen. Das Fraunhofer UMSICHT kam sogar zu dem Schluss, dass dies die fünft größte Eintragsquelle für Mikroplastik in Deutschland ist (Bertling et al. 2018).

Baustoffe wie Rohre, Verkleidungen und Dämmstoffe werden unter anderem aufgrund geringerer Transportkosten und einer hohen Beständigkeit immer häufiger aus Kunststoffen hergestellt. Während des Baubetriebs und bei Abbrucharbeiten kann es daher aufgrund von Unachtsamkeit, Abrieb oder fehlerhafter Lagerung zu Verlusten von Plastik in die Umwelt kommen. Besonders häufig wird dabei expandiertes Polystyrol, bekannt als Styropor, über Wind und Regen von der Baustelle fort transportiert (Battulga et al. 2019).

Spezialanwendungen verwenden Kunststoffe als Strahlmittel zum Entlacken, Reinigen, Aufrauen oder Veredeln von Oberflächen. Besonders in Häfen ist dies ein Problem, da große Tanker entlackt werden und das Abwasser teilweise ungeklärt ins Gewässer eingeleitet wird. Die Partikel haben hierbei Größen zwischen 2 und 0,2 mm. Zusätzlich gelangt Mikroplastik als Abrieb von Straßenmarkierungen und Gebäudefassaden in die Umwelt (Bertling et al. 2018).

Schiffsverkehr trägt ebenfalls zum Mikroplastikeintrag in die Umwelt bei, obwohl die Fischerei und Schifffahrt nur einen vergleichsweise geringeren Anteil am Plastikeintrag in die Oberflächengewässer leisten. Dies liegt besonders an einem 1990 verabschiedeten Gesetz, dem *International Shipping Regulation MARPOL Annex V,* welches die Entsorgung von Abfall direkt von Schiffen in die Ozeane untersagt (Barnes et al. 2009). Der unbeabsichtigte Verlust von Fischereiutensilien wie Netzen aus Polyamid ist jedoch nicht komplett zu verhindern.

3.2 Eintragspfade von Mikroplastik in die Umwelt

Die Haupteintragspfade von Mikroplastik in die Umwelt sind *Windverwehungen* und *Oberflächenabfluss,* über die das Mikroplastik von den Quellen fort in die aquatische Umwelt transportiert wird.

Kläranlagen wird das kommunale Abwasser zugeführt, welches das Mikroplastik aus Kosmetika und aus dem Abfluss von Waschmaschinen enthält. Dabei ist hervorzuheben, dass Kläranlagen als Einleiter von Mikroplastik und nicht als Quelle einzuordnen sind. Über die genaue Belastung von Kläranlagen wissen wir derzeit aufgrund unterschiedlicher Beprobungsmethoden, noch nicht ausgereifter Analytik und nicht vergleichbarer Partikelangaben vergleichsweise wenig. Vermutlich sind die Einträge in die Kläranlage stark abhängig vom Einzugsgebiet. Im Kläranlagen-Zufluss wurden Partikelmengen zwischen 15 (Magnusson und Norén 2014) und 320 Partikel/l (Dris et al. 2015) gefunden. In einer Kläranlage durchläuft Abwasser einen dreistufigen Reinigungsprozess, bis es am Ende geklärt in den Ablauf gegeben wird. Im ersten Behandlungsschritt werden zunächst mechanisch über Siebe oder Rechen die groben und schwimmenden Feststoffe wie Laub und Verpackungen aus dem Abwasser entfernt. Im Anschluss durchläuft das Abwasser Absetzbecken (Sandfänge), in denen Sand und andere Partikel, die schwerer als Wasser sind, aufgrund geringer Fließgeschwindigkeiten absinken und so zurückgehalten werden. Über eine Belüftung können gleichzeitig die schwimmenden Materialien wie Fette und Öle entfernt werden (Duis und Coors 2016). Anschließend werden in der biologischen Reinigung in Form eines Belebungsbeckens organische Verschmutzungen sowie Stickstoff- und Phosphatverbindungen mithilfe von Mikroorganismen abgebaut. Abschließend durchläuft das Abwasser ein Nachklärbecken, in welchem die aus der biologischen Reinigung stammenden, belebten Schlammflocken zurückgehalten werden, sodass gereinigtes und klares Wasser übrig bleibt (Mintenig et al. 2014). Einige Kläranlagen verfügen außerdem über eine vierte Reinigungsstufe, wie beispielsweise Aktivkohlefilter oder Ozonierungsanlagen. Mintenig et al. (2014) untersuchten das Abwasser in Anlagen mit einer abschließenden Filtration und kamen zu dem Ergebnis, dass die Filtration alle Partikel >500 μm, 93 % der Partikel <500 μm sowie 98 % der Mikroplastik-Fasern zurückhalten konnte (Mintenig et al. 2014). Bei den wenigen Studien zu Mikroplastik in Kläranlagen schwankten die im Ablauf gefundenen Konzentrationen zwischen <1 Partikel/l (Magnusson und Norén 2014), (Browne et al. 2011) und ca. 100 Partikel/l (Leslie et al. 2013). Erste bewertende Analysen sprechen dafür, dass Kläranlagen zwischen 95 und 99 % der Partikelfracht zurückhalten (Mintenig et al. 2014). Wird jedoch die enorme Eingangsfracht von Kläranlagen bedacht, sind die restlichen 1–5 % immer noch ein beachtlicher Eintrag von Mikroplastik in die Umwelt. Außerdem werden weltweit nur etwa 20 % des *Abwassers* vor der Einleitung ins Gewässer gereinigt (United Nations 2018), sodass Abwasser im allgemeinen als wichtiger Eintragsweg von Mikroplastik ins Gewässer angesehen werden muss. Zusätzlich verfügen viele Kläranlagen über ein sogenanntes *Regen-überlaufbecken*, welches bei einem zu starken Abfluss abschlägt und ungeklärtes Mischwasser in das unterliegende Gewässer abgibt (Lechthaler et al. 2019). Spelt-hahn et al. (2019) haben diesen Mikroplastikeintrag an einer Kläranlage in Aachen genauer untersucht. Sie fanden in den Abschlägen des Regenüberlaufbeckens durchschnittlich 0,29 mg Mikroplastik/l, was einer beinahe doppelt so starken Konzentration entspricht wie im normalen Ablauf der Kläranlage (0,16 mg/l). Eine genauere Analyse dieses Mikroplastikeintrags steht derzeit noch aus (Spelthahn et al. 2019).

Klärschlamm ist im Zusammenhang mit Kläranlagen ebenfalls als Eintragspfad für Mikroplastik in die Umwelt zu nennen. Klärschlamm bezeichnet das feste Material, welches während der Reinigung gemeinsam mit dem Belebtschlamm der biologischen Reinigungsstufe aus dem Abwasser abgefiltert wird und anschlie-ßend als Dünger auf Felder aufgebracht, deponiert oder thermisch verwertet wird. In einer Studie aus dem Jahr 2008 wurde untersucht, wie Klärschlamm in Europa weiterverwendet wird. So wurden etwa 30 % als Dünger genutzt, etwa 40 % deponiert und etwa 11 % verbrannt (Fytili und Zabaniotou 2008). Für Deutsch-land war die Verwendung von Klärschlamm im Jahr 2015 aufgeteilt in 64 % thermische Entsorgung, 23,7 % landwirtschaftliche Nutzung und 10,5 % Land-schaftsbau (Bertling et al. 2018). In aktuellen Studien wurden in Klärschlamm zwischen 1000 (Zubris und Richards 2005) und über 20.000 Partikel/kg Trocken-masse (Mintenig et al. 2014) gefunden, sodass von einem enormen Eintrag in die Umwelt ausgegangen werden kann. Dabei sind folgende Verbreitungswege mög-lich: Der deponierte Klärschlamm kann über Deponiesickerwasser austreten und Mikroplastik mittragen. Bei der Düngung von Feldern mit Klärschlamm wirken Wind und Regen auf die Oberfläche und können zu einer weiteren Verbreitung des Plastiks führen. Die Partikel werden jedoch nicht nur abgetragen, sondern dringen auch in den Boden ein und werden dort gespeichert. Daher werden synthetische Fasern als Langzeitindikatoren zum Nachweis von Klärschlammaufbringung auf Böden oder in Hafensedimente verwendet (Zubris und Richards 2005). Einzig für die thermische Verwertung von Klärschlamm bei Temperaturen über 300 °C kann davon ausgegangen werden, dass alle Kunststoffe vollkommen zerstört werden und daher kein Mikroplastik austreten kann (Liebmann 2015).

Mikroplastik in der aquatischen Umwelt

4

Die Vielzahl an Mikroplastikquellen und Eintragspfaden verdeutlicht, dass ein Eintrag in die aquatische Umwelt derzeit nicht verhindert werden kann. Daher wurde Mikroplastik bereits in allen beprobten Umweltbereichen nachgewiesen, einschließlich abgelegener Orte wie Tiefsee, arktisches Eis und entlegene Bergseen.

Doch obwohl es immer mehr Studien zur Mikroplastik-Belastung der Umwelt gibt, ist es weiterhin schwierig, die Situation zu bewerten. Dies ist insbesondere darauf zurückzuführen, dass häufig unterschiedliche Probenahme- und Analysemethoden verwendet werden, was den Vergleich einzelner Studien erschwert. Zur Beprobung von Ozeanen, Seen und Flüssen werden häufig sogenannte Neuston-Netze verwendet, welche die oberen 25 cm des Gewässers beproben (Wilber 1987). Dies wird derzeit als die sinnvollste Beprobungsstelle angesehen, da davon ausgegangen wird, dass sich an der Wasseroberfläche besonders viel Mikroplastik ansammelt. Als Folge dieser häufig ausschließlich oberflächigen Beprobungen wissen wir jedoch kaum etwas über die tiefenvariable Verteilung von Mikroplastik in den Gewässern. Daher ist bisher auch nicht sichergestellt, dass oberflächige Beprobungen wirklich eine gute Aussagekraft über die Gesamtbelastung der Gewässer haben. Da nur etwa 50 % des produzierten Plastiks leichter als Wasser ist, ist zumindest anzunehmen, dass die schwereren Polymerarten mit dieser Beprobungsmethodik stark unterrepräsentiert werden.

Darüber hinaus verwenden die einzelnen Studien unterschiedliche Einheiten für die gefundenen Konzentrationen, finden Massen- oder Partikelanzahlen pro Fläche, pro Volumen oder pro Länge Anwendung. Tab. 4.1 gibt eine Übersicht verwendeter Einheiten. Einige werden jedoch häufiger verwendet als andere. So sind für Wasserbeprobungen vorwiegend die Einheiten Partikel/km^2 und Partikel/m^3 und für Sedimentbeprobungen die Einheit Partikel/kg Trockenmasse genannt.

© Springer Fachmedien Wiesbaden GmbH, ein Teil von Springer Nature 2019
K. Waldschläger, *Mikroplastik in der aquatischen Umwelt*, essentials,
https://doi.org/10.1007/978-3-658-27766-6_4

Tab. 4.1 Übersicht der gefundenen Einheiten zur Beschreibung der Mikroplastikkonzentration in Sediment und Wasser

Volumenbezogen	W	S	Flächenbezogen	W	S	Gewichtsbezogen	W	S
Partikel/1000 m³ (Lechner et al. 2014)	▨		Partikel/km² (Zhang et al. 2017)		▨	Partikel/kg Nassgewicht (Di und Wang 2018)		▨
Partikel/100 m³ (Tsang et al. 2017)	▨		Partikel/m² (Gallagher et al. 2016)		▨	Partikel/kg Trockenmasse (Vianello et al. 2013)		▨
Partikel/10.000 L (Naidoo et al. 2015)	▨		Partikel/0,01 m² (Costa et al. 2010)		▨	Partikel/100 g Trockenmasse (Horton et al. 2017)		▨
Partikel/m³ (Wang et al. 2017)	▨		Partikel/cm² (Costa et al. 2010)		▨	Fasern/kg Trockenmasse (Stolte et al. 2015)		▨
Partikel/L (Song et al. 2015)	▨		kg/m² (Lebreton et al. 2018)		▨	Fasern/10 g Trockenmasse (Mathalon und Hill 2014)		▨
Partikel/500 ml (Naidoo et al. 2015)	▨					Partikel/g Trockenmasse (Wang et al. 2018)		▨
Partikel/250 ml (Browne et al. 2011)	▨							
Fasern/50 ml (Browne et al. 2011)	▨							
g/1000 m³ (Hohenblum et al. 2015)	▨							
g/L (Baztan et al. 2014)	▨							

Die Einheiten inklusive der angegebenen Konzentrationen müssen dabei immer mit Vorsicht betrachtet werden. Wenn von einem 1 L Probeumfang auf die Einheit Partikel/m³ geschlossen wird, muss infrage gestellt werden, wie repräsentativ die Beprobung für eine solche Hochrechnung ist. Außerdem ist die Aussagekraft von flächenbezogenen Einheiten stark anzuzweifeln, da Beprobungen immer über eine bestimmte Wassertiefe vorgenommen werden und diese Komponente in der Auswertung unterschlagen wird.

Ein weiteres Problem der aktuellen Probenahmenmethodik ist, dass es sich meistens ausschließlich um punktuelle Stichproben handelt, die weder die äußeren Randbedingungen noch die Jahreszeiten berücksichtigen. Da mittlerweile nachgewiesen wurde, dass nach schweren Niederschlägen aufgrund des stärkeren Abflusses mehr Mikroplastik in Flüssen transportiert wird als zu Trockenwetterzeiten (Hurley et al. 2018), sollten diese Randbedingungen in Zukunft jedoch betrachtet werden. Bei rauer See zum Beispiel kann davon ausgegangen werden, dass das Mikroplastik durch den Einfluss des Windes und der Wellen tiefer als üblich schwimmt und daher über eine Beprobung an der Oberfläche keine repräsentativen Konzentrationen ermittelt werden können. Lebreton et al. (2017) gehen außerdem davon aus, dass zwischen Mai und Oktober infolge stärkerer Regenfälle über 74 % des jährlichen Plastikeintrags in die Flüsse stattfindet. Daher ist anzunehmen, dass einmalige Beprobungen nur eine geringe Aussagekraft im Hinblick auf die tatsächliche Belastung der aquatischen Umwelt haben.

Im Folgenden werden die bisherigen Studien zu Mikroplastikkonzentrationen in Oberflächengewässern umfassend zusammengetragen und ausgewertet. Dabei wird zwischen den Habitaten Ozeane und Meere, Fließgewässer und Seen unterschieden. Die Analyse der Daten zeigt, dass es viele Bereiche der Erde gibt, welche bisher noch nicht auf Mikroplastik untersucht wurden. Dazu gehören weite Teile Afrikas und Asiens, aber auch das Inland von Südamerika, Kanada und Australien. Abb. 4.1 gibt einen groben Überblick der bisherigen Beprobungsorte, wobei die Karte keinen Anspruch auf Vollständigkeit erhebt. Sie beschränkt sich

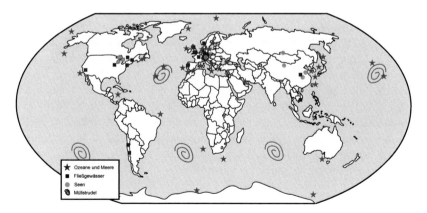

Abb. 4.1 Übersicht der großen Müllstrudel und der bisherigen Beprobungen hinsichtlich Mikroplastik im Wasser

außerdem aus Gründen der Übersichtlichkeit nur auf Beprobungen des Wassers. Deutlich wird, dass die Studiendichte gerade im Bereich der Süßgewässer noch sehr lückenhaft ist.

4.1 Mikroplastik in Fließgewässern

Lange Zeit wurden ausschließlich die Meere und Ozeane hinsichtlich ihrer Mikroplastik-Belastung untersucht. Da nur 3 % des Wassers auf der Erde Süßwasser ist, wovon über 60 % in Gletschern und in Polareis gebunden ist, ist dies durchaus verständlich. Allerdings sind die Lebewesen dieser Erde von Süßwasser besonders abhängig, weshalb ein hoher Forschungsbedarf vorhanden ist. Seit etwa 2010 verdoppeln sich daher die jährlich veröffentlichten Studien zu Mikroplastik in Fließgewässern jedes Jahr. So finden sich im Web of Science im Jahr 2013 nur drei Studien zu den Stichworten „microplastic*" und „freshwater", während es im Jahr 2018 bereits 82 Studien jährlich waren. Bei Google Scholar sind es im Jahr 2013 124 Ergebnisse, im Jahr 2018 1300 Ergebnisse.

Dies zeigt zum einen die Aktualität der Thematik, zum anderen, dass die Ergebnisse der Studien das Interesse der Wissenschaftler weiter geweckt haben. Denn in Fließgewässern wurden Konzentrationen von Mikroplastik gefunden, die ebenso hoch sind wie die Konzentrationen in den Meeren. Abb. 4.2 zeigt eine Übersicht bisher gefundener Konzentrationen in den Ozeanen (rot) im Vergleich zu Studien in Fließgewässern (blau). Dabei ist zu beachten, dass in dieser Darstellung aufgrund der Übersichtlichkeit nur Studien gewählt wurden, welche die Einheit Partikel/m^3 verwendet haben.

In der Betrachtung fluvialen Mikroplastiks müssen einige Unterschiede zu marinem Mikroplastik beachtet werden. So sind die Beprobungsorte deutlich näher an den Quellen von Mikroplastik und das Mikroplastik ist damit vermutlich weniger degradiert und mit Mikroorganismen und Algen bewachsen. Außerdem sind die limnischen Systeme kleiner als die marinen Systeme und es treten größere örtliche und zeitliche Differenzen im Transport der Partikel auf (Eerkes-Medrano et al. 2015). Letzteres liegt auch daran, dass Umweltbedingungen, wie beispielsweise starke Niederschläge oder lange Dürren, im Fluss deutlich größere Auswirkungen auf das Abflussregime haben als in den Ozeanen. Zudem weisen Flüsse sowohl strömungsberuhigte als auch schnellfließende Bereiche auf, wodurch die Mikroplastikkonzentration im Querschnitt der Flüsse vermutlich stark variiert.

In einer aktuellen Literaturrecherche konnten insgesamt 35 Studien zu Mikroplastik in Fließgewässern gefunden werden, die gemeinsam das Wasser von 76

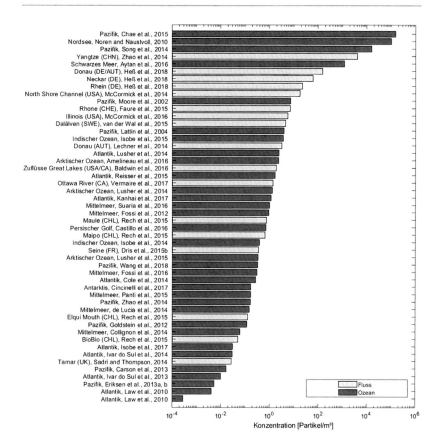

Abb. 4.2 Gefundene Mikroplastikkonzentrationen im Wasser von Flüssen und Ozeanen (Studien, in denen die Konzentrationseinheit Partikel/m³ verwendet wird)

Flüssen und das Sediment von 29 Flüssen untersucht haben. Die 94 beprobten Flüsse befanden sich in 14 Ländern, wobei die höchsten Belastungen in chinesischen Flüssen festgestellt wurden, wie Abb. 4.2 zeigt.

Da erst vergleichsweise wenige Fließgewässer hinsichtlich ihrer Mikroplastikbelastung untersucht wurden, ist die Nutzung numerischer Simulationen eine Möglichkeit, um einen Einblick in mögliche Mikroplastikkonzentrationen zu bekommen. Dabei wird der Plastikeintrag meistens in Abhängigkeit der Bevölkerungsdichten oder des falsch gehandhabten Abfalls ermittelt. Letzterer wird

dabei definiert als der Anteil des Abfalls, welcher nicht in die vorgeschriebene
Abfallverwertung eingebracht, sondern unsachgemäß entsorgt wird (u. a. Littering). Ein Beispiel für eine solche Simulation ist die Studie von Lebreton et al.
(2017), die Fließgewässer hinsichtlich ihrer Transportkapazität von Mikroplastik
von den Quellen bis ins Meer betrachteten. Auf Grundlage numerischer Simulationen gehen sie von einem jährlichen Eintrag von 1,15 bis 2,41 Mio. t Plastikmüll aus Flüssen in die Ozeane aus. Besonders hervorzuheben ist, dass die 20 am
stärksten verschmutzten Flüsse, die größtenteils in Asien liegen, für etwa 67 %
des Gesamteintrags verantwortlich sein sollen. Unter diesen Flüssen sind 7 Flüsse
in China (z. B. Yangtze), 4 Flüsse in Indonesien (z. B. Brantas, Solo) sowie 3
Flüsse in Nigeria (Cross, Imo, Kwa Ibo). In Südamerika sind mit dem Amazonas
und der Magdalena nur zwei Flüsse vertreten. Bemerkenswert ist außerdem, dass
kein einziger europäischer oder nordamerikanischer Fluss in der Aufstellung nach
Lebreton et al. (2017) gelistet ist. Dies liegt vorwiegend an den besseren Abfall-
sammelmethoden in Europa und Nordamerika, und ist daher in den gewählten
Eingangsdaten begründet.

4.2   Mikroplastik in Seen

Neben Fließgewässern werden seit kurzem auch die Mikroplastik-
Konzentrationen in Seen untersucht. Dabei wurde herausgefunden, dass auch sehr
abgelegene Seen, beispielsweise in der Mongolei, Mikroplastik aufweisen. Die
erste Studie zu Mikroplastik in Seen wurde 2012 von Faure et al. veröffentlicht,
die Seen in der Schweiz untersucht haben, dicht gefolgt von Imhof et al. (2013),
die subalpine Seen in Nord-Italien beprobten. In der Literaturstudie für dieses
Buch wurden insgesamt 23 Studien zu Mikroplastik in Seen gefunden, dabei wurden 39 Seen auf Mikroplastik in ihrem Wasser und 18 Seen auf Mikroplastik in
ihrem Sediment untersucht. Insgesamt wurden bisher 45 Seen betrachtet.
  Die größte Belastung wurde in einem See in China festgestellt, in dem bis
zu 15.000 Partikel/m^3 gefunden wurden (vgl. Abb. 4.3) (Su et al. 2016). Im Vergleich zu den Konzentrationen in Fließgewässern zeigte sich, dass das Wasser von
Seen deutlich geringer belastet ist, die Sedimentproben von Seen jedoch deutlich
stärker belastet waren als die Flusssedimente. Dies könnte an den längeren Verweilzeiten und dementsprechend geringeren Strömungsgeschwindigkeiten des
Seewassers liegen, aufgrund derer die Mikroplastikpartikel absinken können.
  Blettler et al. (2018) haben außerdem ermittelt, dass derzeit nur etwa 1,8 %
der Studien zu limnischem Mikroplastik Wasserreservoirs wie Stauseen untersuchen. Da weltweit etwa 16,7 Mio. Dämme in Flüssen zu verzeichnen sind und

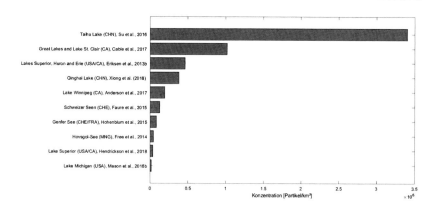

Abb. 4.3 Vergleich der Mikroplastik-Konzentrationen in Seewasser (Studien, in denen die Konzentrationseinheit Partikel/km^2 verwendet wird)

auch 50 % der größeren Flüsse aufgestaut werden, sollte dieses Defizit behoben werden.

4.3 Mikroplastik in den Ozeanen und Meeren

Eriksen et al. (2014) gehen davon aus, dass über 5 Mrd. Plastikpartikel an der Wasseroberfläche der Meere und Ozeane schwimmen und über 90 % dieser Partikel aus sekundärem Mikroplastik bestehen. Zusätzlich errechneten Jambeck et al. (2015), dass allein im Jahr 2010 4 bis 12 Mio. t Plastik vom Land in die Ozeane eingetragen wurde. Dieses eingetragene Plastik akkumuliert sich in den Ozeanen in sogenannten Müllstrudeln, in denen die Mikroplastik-Konzentrationen deutlich höher sind als in den restlichen Bereichen der Ozeane.

Müllstrudel
Im Jahr 2009 beginnt der Ozeanograf und Kapitän Charles Moore einen Vortag mit den Worten „Let's talk trash". Er war derjenige, der 1997 den Great Pacific Garbage Patch (GPGP) entdeckte und erste Aufnahmen und Proben von ihm zeigte und untersuchte. Moore beschrieb sein erstes Zusammentreffen mit dem „Müllstrudel" im Natural History Magazine wie folgt:

▶ „As I glazed from the deck at the surface of what ought to have been a pristine ocean, I was confronted, as far as the eye could see, with the sight of plastic. It seemed unbelievable, but I never found a clear spot. In the week it took to cross the subtropical high, no matter what time of day I looked, plastic debris was floating everywhere: bottles, bottle caps, wrappers, fragments."

Diese Beschreibung ist jedoch ein wenig irreführend, denn es kann durchaus vorkommen, dass man mit einem Schiff durch den Müllstrudel fährt und auf den ersten Blick kein Plastik sieht. Denn die kleinen Mikroplastikpartikel schwimmen nicht nur an der Oberfläche, sondern teilweise auch unterhalb der Wasseroberfläche und sind daher kaum zu erkennen. Moore hat im GPGP Wasserproben genommen und kam bereits 1999 zu dem Ergebnis, dass es innerhalb dieses Müllstrudels teilweise bis zu sechsmal mehr Plastik als Plankton gibt (Moore et al. 2001).

Doch wie kommt es zu diesen punktuellen Konzentrationsspitzen? Die Weltmeere sind von Strömungen durchzogen, die einen großen Einfluss auf das Leben und das Klima auf diesem Planeten haben. Bekannte Beispiele dieser Ozeanströmungen sind der Golfstrom, unter dessen Einfluss das Klima in Europa erwärmt wird, sowie der Humboldtstrom, welcher das Klima in Peru stark abkühlt. Diese Strömungen bilden, beeinflusst von der Corioliskraft und aufgrund der sogenannten Ekman-Zirkulation, große Meeresstrudel, in denen sich das mit den Strömungen transportierte Plastik akkumulieren kann (Arthur et al. 2009).

Auf diesem Planeten gibt es fünf solcher großen Wirbel (siehe auch Abb. 4.1) und dementsprechend auch fünf potenzielle Müllstrudel:

- Indian Ocean Gyre (Agualhasstrom) – Indian Ocean Garbage Patch
- North Atlantic Gyre (Nordatlantikwirbel) – North Atlantic Garbage Patch
- North Pacific Gyre (Nordpazifikwirbel) – Great Pacific Garbage Patch
- South Atlantic Gyre (Südatlantikwirbel) – South Atlantic Garbage Patch
- South Pacific Gyre (Südpazifikwirbel) – South Pacific Garbage Patch

Atlantik und Pazifik weisen jeweils zwei solcher Wirbel auf, je einen nördlich und einen südlich des Äquators, während sich der indische Ozean nur in der südlichen Hemisphäre erstreckt und daher nur einen Wirbel aufweist. Gelangen die Partikel nun über die Meeresströmungen in einen solchen Wirbel, bewegen sie sich unter dem Einfluss der Corioliskraft und dem Druckgradienten kreisförmig um das Wirbelzentrum, wodurch sie im Strudel festgehalten werden und sich akkumulieren können.

Obwohl in jedem der fünf großen Meereswirbel ein Müllstrudel aufzufinden ist, bekommt besonders der Great Pacific Garbage Patch im Nordpazifikwirbel, auch dank des sehr medienwirksamen Charles Moore, viel Aufmerksamkeit. Trotz zahlreicher Messkampagnen im Müllstrudel konnte die genaue Größe bisher nicht bestimmt werden, da der Müllstrudel keine festen Ränder aufweist. Schätzungen gehen derzeit von einer Fläche zwischen 700.000 und 15 Mio. km^2 aus – was dem zwei bis 42-fachen der Fläche Deutschlands entspricht – und entsprechend dazu von mehreren Mio. bis zu 100 Mio. t Plastikmüll in den oberen 50 m des Ozeans (Podbregar et al. 2014). Über ein globales Tracer-Programm (Global Drifter Program) wurde mittlerweile nachgewiesen, dass sich ein großer Teil des Mülls, der außerhalb des Nordatlantiks ins Meer eingebracht wird, über die Jahrhunderte im GPGP sammelt. Der in den *Nordatlantik* eingebrachte Müll landet hingegen am Ende im North Atlantic Garbage Patch. Die anderen drei Müllstrudel weisen entsprechend deutlich geringere Mengen an Plastik auf (van Sebille et al. 2012).

Eine eher unfreiwillige Untersuchung der Meeresströmungen ergab sich aus einem gekenterten Container, der 1992 im pazifischen Ozean über 28.800 Badeenten freigab. Ein Teil dieser Enten wurde aus dem Nordpazifik über die Beringsee und das Nordpolarmeer bis in den Atlantik transportiert, wo sie 11 Jahre nach dem Unglück an den Küsten der Hebriden und Massachusetts angespült wurden. Ein anderer Teil wurde über die Strömungen Richtung Süden transportiert und konnte in Australien, Indonesien und Südamerika gefunden werden. Damit haben die gelben Enten mittlerweile über 27.000 km zurückgelegt und dienen Wissenschaftlern immer wieder als Ansatzpunkt für die Erforschung der Meeresströmungen und des Plastiktransports (van Sebille et al. 2012).

Neben den fünf Müllstrudeln weisen auch die Nordsee und das Mittelmeer enorme Mengen an Plastik auf, jedoch akkumuliert es sich dort nicht in Strudeln. So haben Norén und Naustvoll (2011) im Skagerrak vor Schweden Mikroplastik-Konzentrationen von durchschnittlich 102.000 Partikeln/m^3 nachgewiesen, die denjenigen im Pazifik (bisher max. 152.688 Partikel/m^3 (Chae et al. 2015)) ähneln.

Polareis

Auch in menschenfernen Habitaten wie dem Polareis wurde bereits Mikroplastik gefunden. Aufgrund der variierenden Ausmaße des Polareises ist eine genaue Bestimmung der vorliegenden Belastung schwierig. Denn während das Polareis im arktischen Winter im Nordpolarmeer Ausmaße von bis zu 14 Mio. km^2 aufweisen kann, schmolz es in den letzten Jahren im Sommer auf vier bis fünf Mio. km^2 zusammen (Podbregar und Lohmann 2014).

Peeken et al. (2018) kamen nach mehreren Beprobungen zu dem Ergebnis, dass die Mikroplastik-Konzentrationen im arktischen Eis extrem hoch sind. Sie fanden bis zu 12 Mio. Partikel/m^3 Eis, allerdings variierten die Konzentrationen stark. Obbard et al. (2014) fanden im Vergleich nur bis zu 234.000 Partikel/m^3. Lusher et al. (2015) haben das arktische Wasser auf Mikroplastik untersucht und fanden an der Wasseroberfläche zwischen 0 und 1,31 Partikel/m^3, mit einem Durchschnitt von 0,34 ($\pm$0,31) Partikel/m^3. Bei Beprobungen in einer Tiefe von 6 m fanden sie höhere Konzentrationen von durchschnittlich 2,68 ($\pm$2,95) Partikeln/m^3. Auf Grundlage dieser Daten wird von einem jährlichen Austrag von Mikroplastik aus dem arktischen Eis in die Weltmeere von 7,2 bis 8,7 $*$ 10^{20} Partikel/Jahr zwischen 2011 und 2016 ausgegangen (Peeken et al. 2018). Das Eis ist damit eine temporäre Senke, die das Mikroplastik zeitverzögert wieder freisetzt.

Tiefsee
Die Ozeane dieser Erde sind im Durchschnitt 3,8 km tief, in den Tiefseegräben (wissenschaftlicher: Tiefseerinnen) erreichen sie bis zu 11 km Tiefe. Im Jahr 1960 ließen sich Jacques Piccard und Don Walsh in einer Stahlkugel auf den Meeresboden im Mariannengraben absinken – 10.910 m unter die Wasseroberfläche. Dabei fanden sie in dem Graben nicht wie angenommen ein trostloses Nichts, sondern ein vielfältiges Leben. So hat jeder Tiefseegraben seine eigene Fauna. Aufgrund der schlechten Zugänglichkeit und der Herausforderungen bei der Probenahme sind die größten Teile des Meeresbodens immer noch unerforscht. Dass es Mikroplastik in der Tiefsee gibt, konnte jedoch schon bewiesen werden:

Nur wenige Studien haben sich bisher mit der Mikroplastikkonzentration in der Tiefsee beschäftigt. Van Cauwenberghe et al. (2013) haben an vier Orten die Tiefsee auf Mikroplastik untersucht und konnten an dreien Partikel nachweisen. Die Tiefe ihrer Messungen lagen bei 1176 m im Nil-Tiefseefächer, bei 2749 m im Südlichen Ozean und 4843 m im Atlantik. Woodall et al. (2014) haben insgesamt 12 Sedimentproben von unterschiedlichen Orten der Tiefsee untersucht und in jeder Probe Mikroplastik-Fasern gefunden. Dabei fanden sie zwischen 1,4 und 40 Fasern pro 50 ml mit einer durchschnittlichen Konzentration von 13,4 $\pm$ 3,5 Fasern pro 50 ml. Auf dieser Grundlage errechneten sie, dass sich allein auf dem Meeresboden des Indischen Ozeans etwa 4 Mrd. Fasern/km^2 befinden könnten.

Senken von Mikroplastik

5

Erste Studien gehen davon aus, dass sich praktisch alles jemals produzierte Plastik, welches nicht verbrannt wurde, noch auf dieser Erde befindet (Geyer et al. 2017). Doch obwohl immer mehr Plastik produziert wird und damit auch in die Umwelt gelangen kann, scheinen die Konzentrationen in den beprobten Umweltbereichen entgegen aller Erwartungen nicht anzusteigen (Beer et al. 2018; Law et al. 2010; Zettler et al. 2013). Immer mehr Studien sprechen von dem *„Missing Plastic"* (Thompson et al. 2004; Woodall et al. 2014) und fragen sich, was mit dem Plastik im Laufe der Zeit geschieht. Denn obwohl wir die Eintragsquellen von Mikroplastik in die Umwelt mittlerweile zumindest relativ umfassend benennen können, sind die Senken in der Umwelt immer noch nicht ausreichend bekannt.

Dies liegt vor allem daran, dass wir kaum etwas über das Verhalten von Mikroplastik im Gewässer wissen. Derzeit wird weitläufig davon ausgegangen, dass sich Mikroplastik im Gewässer ähnlich verhält wie Sedimente. Doch da Mikroplastik im Vergleich zu Sedimentkörnern stärker variierende Formen und Dichten aufweist, ist dies eine sehr grobe Vereinfachung, die bisher nicht genauer geprüft wurde. Besonders die Dichte ist ein wichtiger Faktor in der Überlegung, wo Mikroplastik am Ende seines Lebenszyklus landet. Außerdem werden sowohl Partikel, die leichter sind als Wasser, als auch Partikel, die schwerer sind als Wasser eingeleitet. Diese Dichte ändert sich im Laufe der Zeit aufgrund eines Bewuchses, dem sogenannten *Biofouling,* und sorgt somit für ein dynamisches Verhalten der Partikel. Gefördert wird dieser Biofouling-Bewuchs durch die hydrophobe Oberfläche und die langen Verweilzeiten des Plastiks im Gewässer (Zettler et al. 2013). Diese sogenannte *Plastisphere* kann die Dichte der Partikel gegebenenfalls erhöhen, woraufhin sie in tiefere Meeresschichten absinken. Im tieferen Gewässer erhalten die Organismen dann nicht mehr genug Licht, sodass sie absterben und

© Springer Fachmedien Wiesbaden GmbH, ein Teil von Springer Nature 2019   33
K. Waldschläger, *Mikroplastik in der aquatischen Umwelt,* essentials,
https://doi.org/10.1007/978-3-658-27766-6_5

das Plastikpartikel wieder aufsteigen kann (Kooi et al. 2017). Somit kommt es zu einer Oszillation der Partikel zwischen den einzelnen Wasserschichten.

Marine Systeme

Als eine weitere Folge des Bewuchses verwechseln viele Meereslebewesen die Plastikpartikel mit ihrer üblichen Nahrung, sodass sie besonders häufig gefressen werden (Zettler et al. 2013). Wenn die Tiere das Plastik am Ende wieder ausscheiden, besteht die Möglichkeit, dass es mit sogenanntem Meeresschnee *(Marine Snow)* zum Gewässerboden absinkt. Dieser Meeresschnee bezeichnet die Ausscheidungen von Krill in Verbindung mit abgestorbenen Algen, Mikroben sowie organischen und anorganischen Partikeln und bildet einen permanenten, abwärts gerichteten Partikelstrom im Ozean (Porter et al. 2018). Daher werden die *Tiefsee* und der *Meeresboden* als mögliche Senken von Mikroplastik angesehen. Woodall et al. (2014) weisen in diesem Zusammenhang auf die schiere Größe der Tiefsee (mehr als 300 Mio. km^2) hin, um ihre Kapazitäten als Mikroplastik-Senke darzustellen. Eine weitere Studie geht davon aus, dass letztendlich 99 % des Plastiks, welches in die Ozeane gelangt, unterhalb von 100 m oder auf dem Meeresboden endet (Koelmans et al. 2017b). Bei den aktuell angenommen Absinkraten von Mikroplastik kann es jedoch über ein Jahr dauern, bis ein Partikel auf den Meeresboden herabgesunken ist (Hardesty et al. 2017).

Als eine temporäre Senke können die *Müllstrudel* in den Ozeanen angesehen werden. Das Plastik treibt in diesen Strudeln so lange umher, bis es entweder auf den Meeresgrund absinkt oder sich in winzige Partikel zersetzt hat. Neben den Müllstrudeln wird auch das *arktische Eis* als eine temporäre Senke von Mikroplastik angesehen (Peeken et al. 2018), da die Partikel im Winter im Eis festgesetzt und während der Eisschmelze wieder in den Wasserkreislauf freigegeben werden.

Limnische Systeme

Auch *Fließgewässer, Seen* und ihre Sedimente können teilweise als Senken angesehen werden, ihre Natur ist jedoch ebenfalls eher temporär. Es wird davon ausgegangen, dass die Partikel in Bereichen mit geringeren Strömungsgeschwindigkeiten auf den Gewässerboden absinken und dort entweder von Sedimenten überlagert oder bei stärkeren Durchflüssen infolge von Niederschlagsereignissen oder ähnlichem wieder remobilisiert werden. Besonders *Stauseen* weisen ein großes Potenzial für den Mikroplastikrückhalt auf, da das Wasser in ihnen stark beruhigt wird und es zu langen Verweilzeiten im Stausee kommt (Nel et al. 2018). Watkins et al. (2019) untersuchten unter diesem Aspekt die Wassersäule und das Sediment in Stauseen und fanden im Sediment deutlich höhere Mikroplastikkonzentrationen als im Flusslauf oberhalb des Sees. Gleichzeitig fanden sie in der Wassersäule geringere Konzentrationen, sodass von einer starken Sedimentation der Partikel im Stausee ausgegangen werden kann. Auch in *Flussmündungen* kann Mikroplastik aufgrund unterschiedlicher Wasserdichten und Strömungseinflüsse abgelagert werden (Vermeiren et al. 2016).

Während Hochwasserereignissen kann Mikroplastik außerdem an den Flussufern und in den Auensedimenten abgelagert werden. Ebenso kann es von Wellen an die Strände der Ozeane und Meere getragen werden und in den Strandsedimenten verbleiben.

Terrestrische Systeme

Wird Klärschlamm zur Düngung verwendet und auf die Felder aufgebracht, so verbleibt ein bisher unbekannter Prozentsatz des im Klärschlamm enthaltenen Plastiks im Boden, sodass auch Böden als Senke für Mikroplastik genannt werden müssen. So konnten Studien auch 15 Jahre nach dem letzten Auftragen von Klärschlamm noch synthetische Fasern im Boden nachweisen (Zubris and Richards 2005).

Abb. 5.1 stellt die temporären und endgültigen Senken von Mikroplastik in der Umwelt dar.

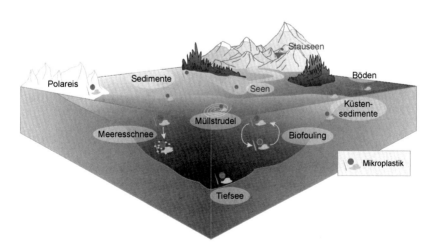

Abb. 5.1 Senken von Mikroplastik in der Umwelt

Risiken und Nebenwirkungen von Mikroplastik in der Umwelt

Das Medieninteresse an Mikroplastik ist derzeit enorm und viele der populärwissenschaftlichen Artikel beschreiben große Risiken für Mensch und Tier (Kramm und Völker 2018). Aber was davon ist wissenschaftlich belegt? Eigentlich gibt es derzeit noch zu viele Wissenslücken, als dass ein klares Schadenspotenzial bestimmt werden kann. Hinzu kommt, dass viele ökotoxikologische Studien mit Konzentrationen arbeiten, die deutlich höher sind als die in der Natur vorkommenden, sodass ihre Aussagekraft derzeit noch relativ gering ist.

Für die Beurteilung der Auswirkungen von Mikroplastik in der Umwelt gibt es nach Koelmans et al. (2017a) vier große Probleme:

1. Anders als bei vielen anderen Schadstoffen in der Umwelt ist Mikroplastik in seinen Partikeleigenschaften wie Größe und Form hoch divers. Zusätzlich verändern sich die Partikeleigenschaften im Laufe der Zeit aufgrund von Degradation, Fragmentierung und Biofouling. Diese Prozesse und ihre Auswirkungen auf das Partikelverhalten und die Partikeltoxizität sind kaum untersucht.
2. Aufgrund der Diversität der Mikroplastik-Partikel und der unter Umständen anhaftenden Schadstoffe sind mögliche toxische Auswirkungen ebenfalls sehr variabel.
3. Die Konzentrationen von Mikroplastik in der Umwelt variieren sehr stark, und wir wissen kaum etwas über die Verteilung und den Transport von Mikroplastik im Gewässer.
4. Bisher gibt es keine geeignete Methode, um die Verteilung von Makro- und Mikroplastik adäquat abzubilden. Besonders die Beprobung von Gewässern auf Partikel kleiner 333 µm ist bisher kaum möglich.

© Springer Fachmedien Wiesbaden GmbH, ein Teil von Springer Nature 2019   37
K. Waldschläger, *Mikroplastik in der aquatischen Umwelt*, essentials,
https://doi.org/10.1007/978-3-658-27766-6_6

Diese Unsicherheiten führen dazu, dass eine fundierte Bewertung und einfache Antwort auf die Frage der Toxizität von Mikroplastik nicht so einfach gegeben werden kann. Zusätzlich ist nicht nur die Giftigkeit des Stoffes ausschlaggebend, sondern auch die Exposition, also wie, in welcher Konzentration und wie häufig das Lebewesen mit dem Stoff in Berührung kommt.

Im Folgenden wird daher der aktuelle Wissensstand dargestellt. Dabei gibt es mehrere Bereiche, die betrachtet werden müssen: Risiken für die Umwelt, Risiken für aquatische Lebewesen, Risiken für den Menschen.

6.1   Auswirkungen auf die Ökosysteme

Die marinen Ökosysteme bieten den Menschen unzählige Ökosystemdienstleistungen, wie ein breites Nahrungsangebot, die Speicherung von Kohlenstoff, die Entgiftung von Abfällen sowie kulturelle Angebote. Doch Mikroplastik wirkt sich in der Umwelt auf eben diese Funktionen des Ökosystems aus. Diesen Ökosystemleistungen können monetäre Werte zugeschrieben werden. So gehen Costanza et al. (2014) davon aus, dass die Ozeane im Jahr 2011 Vorteile für die Gesellschaft im Wert von etwa 49,7 Billionen US$ erbracht haben. Beaumont et al. (2019) schätzen nun, dass diese Leistungen infolge von Meeresmüll um 1 bis 5 % verringert wurden, was einem jährlichen Verlust von 500–2500 Mrd. US$ entsprechen würde. Sie errechneten, dass dies mit 3300–33.000 US$ pro Tonne Meeresmüll umzurechnen ist.

Die direkten Auswirkungen von Mikroplastik in der Umwelt können bisher nur sehr grob abgeschätzt werden. So werden folgende Auswirkungen derzeit diskutiert: Die Akkumulation von Mikroplastik auf dem Meeresboden kann den Gasaustausch zwischen Oberflächen- und interstitiellem Wasser der Sedimente verhindern und den Sauerstofftransfer hemmen, was bei Wasserorganismen zu einer Hypoxie führen kann (Zeng 2018). Zudem verändert das Mikroplastik die Sedimentzusammensetzung und beeinflusst damit einhergehend die Lebensräume kleiner Lebewesen im Gewässerboden. An der Wasseroberfläche schwimmendes Mikroplastik kann außerdem zu verringertem Lichteinfall in die unterliegenden Wasserschichten führen (Arthur et al. 2009).

Während die oben genannten Auswirkungen derzeit nur Vermutungen sind, konnte bereits nachgewiesen werden, dass Mikroplastik als Transportvektor für fremde Arten dienen kann (Derraik 2002). Aufgrund seiner hydrophoben Oberfläche wird Plastik schnell von Bakterien und anderen Organismen besiedelt, die anschließend mit dem Plastik über die Meeresströmungen in neue Ökosysteme eingebracht werden und so die lokalen Lebensgemeinschaften beeinflussen.

Zwar besiedeln diese Organismen auch Holz und Seetang, doch diese natürlichen Schwimmer degradieren innerhalb weniger Monate und haben daher weniger Auswirkungen als besiedeltes Plastik. Solche Veränderungen der Biodiversität können weitreichende und unvorhersehbare Folgen haben, insbesondere in Verbindung mit anderen negativen Einflüssen wie der Versauerung der Ozeane und der Überfischung (Worm et al. 2006).

Außerdem kamen Beaumont et al. (2019) nach einer umfassenden Literaturrecherche zu dem Fazit, dass die Produktivität, Rentabilität, Wirtschaftlichkeit und die Sicherheit der Fischereiindustrie sehr anfällig für die Auswirkungen von Meeresmüll ist.

6.2   Auswirkungen auf aquatische Organismen

Im Jahr 2017 wurde Mikroplastik in über 690 Tierarten nachgewiesen (Provencher et al. 2017). So wurde es beispielsweise im Magen, Darm und im Gewebe von Seevögeln (Blight und Burger 1997), Fischen (Moore et al. 2001), Schildkröten (Bjorndal et al. 1994), Walen (Fossi et al. 2012), Seelöwen (Eriksson und Burton 2003) und Krabben (Watts et al. 2016) gefunden. Nach der Aufnahme bergen die kleinen Partikel eine physische Bedrohung für die Tiere, indem sie den Verdauungsapparat der Tiere verstopfen können und so die weitere Nahrungsaufnahme behindern (Derraik 2002). Ein Beispiel hierfür sind die Laysan-Albatrosse, die auf den hawaiianischen Inseln heimisch sind. Die Eltern verwechseln Mikroplastik, aber auch größere Plastikteile wie Flaschenverschlüsse und Feuerzeuge, mit Nahrung und füttern ihre Küken damit. Diese verhungern mit der Zeit, da ihre Mägen sich mit Plastik füllen und keine weitere Nahrung zulassen (Auman et al. 1997). Bereits in den Jahren 1994 und 1995 wurden insgesamt 251 Albatross-Jungen seziert und bei 97,6 % wurde Plastik im Magen gefunden (Auman et al. 1997).

Neben der verringerten Nahrungsaufnahme ist auch die Tatsache, dass Mikroplastik als Transportmedium für Schadstoffe dient, bedenklich. Zu diesen Schadstoffen gehören zum einen die Additive, welche dem Plastik während der Produktion zugegeben werden. Hierzu zählen unter anderem Weichmacher und bromierte Flammschutzmittel, welche potenziell gefährlich sind und mit krebserregenden und endokrinen Störungen in Verbindung gebracht wurden. Ein typischer Kunststoff besteht zu etwa 4 % aus diesen Additiven. Außerdem sind sogenannte Rest-Monomere zu nennen, die bei einer unvollständigen Polymerisation entstehen können. Hierzu zählt beispielsweise Bisphenol A (BPA), welches derzeit besonders in Trinkflaschen für Aufmerksamkeit sorgt.

Zum anderen geht es um hydrophobe Schadstoffe, welche sich aus dem Meerwasser an den Partikeln angelagert haben, beispielsweise sogenannte POPs (engl.: persistent organic pollutant), die zum Teil unter dem Verdacht stehen, krebserregend zu sein, die Fruchtbarkeit zu beeinträchtigen, das Hormonsystem zu beeinflussen sowie Verhaltensstörungen hervorzurufen (Browne et al. 2011). Hierzu zählen auch PCB (polychlorierte Biphenyle) und PAK (polyzyklische aromatische Kohlenwasserstoffe), die mittlerweile zwar verboten, jedoch aufgrund früherer Einleitungen immer noch im Meer vorhanden sind (Desforges et al. 2018). Diese (ebenfalls hydrophoben) Schadstoffe lagern sich am Mikroplastik an, wodurch die Konzentrationen an der Partikeloberfläche deutlich höher sind als im umgebenden Wasser (Chen et al. 2017). Zudem wurden an Mikroplastik erhöhte Gehalte an Metallen (Aluminium, Blei, Chrom, Eisen, Kupfer, Zinn und Zink) nachgewiesen (Andrady 2011). Das Problem ist hierbei die Anreicherung von Schadstoffen und Metallen in den aquatischen Lebewesen infolge einer Aufnahme des Mikroplastiks und eine darauf folgende Bioakkumulation entlang der Nahrungskette (Wright et al. 2013).

Grundsätzlich muss darauf hingewiesen werden, dass auch natürliche Partikel wie Sedimente Schadstoffe akkumulieren und es bisher kaum vergleichende Untersuchungen zwischen der Belastung von Sedimenten und von Mikroplastik gab. Außerdem sind die Tiere dem Schadstoff meistens nicht nur über das Mikroplastik ausgesetzt, sondern auch auf anderen Pfaden wie über das Wasser oder ihre Nahrung, weshalb eine Kombination dieser Wirkpfade betrachtet werden müsste (Koelmans et al. 2017a).

Im Allgemeinen gelten erst Partikel, die kleiner als 1 µm sind, als durchgängig für Organe und Zellwände. Daher wird der Transport von Mikroplastikpartikeln durch Zellwände derzeit eher als unwahrscheinlich angesehen. Trotzdem wurden Entzündungsreaktionen infolge von Mikroplastik bei Miesmuscheln dokumentiert (Wright et al. 2013).

6.3   Auswirkungen auf den Menschen

Die enorme Aufmerksamkeit, die Mikroplastik derzeit in den Medien erhält, liegt auch an der Angst der Menschen, dass sie selbst bedroht sind. Die direkten Auswirkungen von Mikroplastik in Gewässern auf die Menschen wurden bisher nicht untersucht. Doch das Mikroplastik kann über unser Essen zu uns zurück gelangen, so wurde beispielsweise in Muscheln aus dem Atlantik Mikroplastik nachgewiesen (van Cauwenberghe et al. 2015). Fisch und Meeresfrüchte stellen im Jahr 2013 etwa 17 % der tierischen Proteinaufnahme der Weltbevölkerung sowie einen wichtigen Teil der weltweiten Nahrung (Beaumont et al. 2019). Problematisch ist eine Anreicherung der Schadstoffe im Fettgewebe der verspeisten Tiere, sodass der Mensch auf höherer Trophie-Ebene besonders betroffen wäre. Zusätzlich gibt es Studien zu Mikroplastik in Lebensmitteln, die nicht aus der aquatischen Umwelt stammen, wie beispielsweise Honig, Bier und Salz (Liebezeit und Liebezeit 2014), wobei die Studienergebnisse mit Vorsicht zu betrachten sind. So wurden bei einigen Studien Querkontaminationen der Proben nachgewiesen, während andere Studien Analysen verwendeten, die nicht genauer zwischen Fremdkörpern wie Sand, Glas, Metall und Mikroplastik unterscheiden konnten. Diese Problematik wird in den Medien jedoch kaum betrachtet.

Darüber hinaus wurde im Jahr 2018 eine Studie veröffentlicht, in der 259 Flaschen Trinkwasser auf Mikroplastik untersucht und dabei in 93 % der Flaschen Partikel gefunden wurden (Mason et al. 2018). Im Durchschnitt fanden die Wissenschaftler 10,4 Partikel pro Liter Trinkwasser mit Partikeln größer als 100 µm. Von besonderem Interesse ist der Vergleich von Wasser aus einer Quelle, welches jedoch einmal in einer Glasflasche und einmal in einer Plastikflasche abgefüllt wurde. Dort wies das Wasser in der Glasflasche mit 204 Partikel/l eine deutlich geringere Belastung auf als das Wasser der Plastikflasche mit 1410 Partikel/l. Die Autoren dieser Studie geben mehrere Qualitätssicherungsschritte an, sodass die Ergebnisse vergleichsweise belastbar sind.

Zusätzlich zur Aufnahme von Mikroplastik mit der Nahrung oder dem Trinkwasser atmen wir Mikroplastik über die Luft ein. Vor allem kleine Fasern beispielsweise aus der Kleidung werden auf diese Weise leicht inkorporiert (Gasperi et al. 2018). Deshalb haben Dris et al. (2017) die Luft von drei Innenräumen sowie die Luft an einem Außenstandort untersucht. Dabei fanden sie 1 bis 60 Fasern/m^3 in den Innenräumen und nur 0,3 bis 1,5 Fasern/m^3 in der Außenluft. Nach eingehenderen Analysen stellte sich jedoch heraus, dass 67 % der Fasern im Innenraum aus natürlichen Materialien wie Cellulose bestanden, und es sich nur bei dem Rest um Mikroplastik-Fasern handelte. Dies verdeutlich sehr gut, dass sich neben Mikroplastik noch andere Partikel in der Luft befinden, wie beispielsweise natürliche Fasern oder Ruß, die wir täglich einatmen, ohne genauer drüber nachzudenken (Koelmans et al. 2017a). Eine gesundheitsschädliche Wirkung des Mikroplastiks aus der Luft konnte bisher nicht nachgewiesen werden.

Da wir Mikroplastik offensichtlich mit unserer Nahrung, mit unserem Trinkwasser und mit der Luft aufnehmen, ist es wichtig, dass die Risiken für den Menschen untersucht werden. Eerkes-Medrano et al. (2015) stellen dazu folgende
Fragestellungen in den Vordergrund, die bisher nicht eindeutig beantwortet werden können:

- Wie kommt der Mensch mit Mikroplastik in Kontakt?
- Werden die Chemikalien am oder im Mikroplastik auf das Essen übertragen?
- Wie beeinflusst Mikroplastik die Speisefische hinsichtlich ihrer Genießbarkeit
  und Vermarktbarkeit?
- Besteht die Möglichkeit, dass von als Düngemittel verwendetem Klärschlamm
  Mikroplastik in das angebaute Essen übergeht?
- Welche Auswirkungen hat Mikroplastik auf Fischerei, Aquakulturen und
  Materialien für den landwirtschaftlichen Sektor?

Bisherige Studien gehen grundsätzlich davon aus, dass die Gesundheitsrisiken für
Menschen minimal sind (Lusher et al. 2017).

Ausblick – offene Fragen

7

Wie in den vorherigen Ausführungen vermutlich deutlich geworden ist, steckt die Mikroplastikforschung noch in den Kinderschuhen. Beginnend bei einer allgemein anerkannten Definition der Mikroplastik-Partikel, über vergleichbare Probenahmemethodiken und Konzentrationseinheiten bis hin zu den Folgen für die aquatischen Lebewesen und uns Menschen müssen noch viele Fragen beantwortet werden. Dies gilt prinzipiell auch für den Boden und die dort lebenden Organismen, auf die in dieser Schrift nicht eingegangen wurde.

Eine umfassende Zusammenstellung der bisherigen Studien zeigt außerdem, dass die geografische Verteilung der Probenahmestellen stark begrenzt ist. Besonders im Bereich der Süßgewässer bestehen noch große Wissenslücken im Hinblick auf Mikroplastikkonzentrationen und -verteilungen. So liegen derzeit ausschließlich Belastungsdaten von europäischen, amerikanischen und asiatischen (überwiegend chinesischen) Fließgewässern vor, während die Belastungssituation in afrikanischen Gewässern bisher kaum untersucht wurde. Außerdem hat sich gezeigt, dass Entwicklungsländer bei Studien zu Mikroplastik in Süßgewässern stark unterrepräsentiert sind (69 % Industrieländer, 31 % Entwicklungsländer (Blettler et al. 2018)). Dies ist besonders vor dem Hintergrund bedenklich, dass in vielen dieser entwicklungsschwächeren Ländern besonders viel Fisch aus den Flüssen gefangen und verspeist wird. So umfassen die größten Binnenfischerei-Nationen wie China, Indien und Bangladesch auch viele der am stärksten verschmutzten Flüsse (Blettler et al. 2018). Hierzu zählen beispielsweise der Yangtze (CHN) und der Ganges (IND und BGD) (Blettler et al. 2018; Lebreton et al. 2017).

Doch selbst wenn die Anzahl der Studien, welche Mikroplastikkonzentrationen in Fließgewässern, Seen und den Ozeanen und Meeren bestimmen, zukünftig enorm ansteigt, fehlt uns dennoch ein fundiertes Hintergrundwissen zu dem Verhalten von Mikroplastik im Gewässer. Denn wie das Mikroplastik transportiert

© Springer Fachmedien Wiesbaden GmbH, ein Teil von Springer Nature 2019
K. Waldschläger, *Mikroplastik in der aquatischen Umwelt*, essentials,
https://doi.org/10.1007/978-3-658-27766-6_7

wird und wovon sein Verhalten im Gewässer abhängt, ist bisher kaum untersucht worden. Dabei ist dieses Wissen unerlässlich für die zukünftige Nutzung von numerischen Simulationen im Bereich der Mikroplastikforschung, aber auch, um die Toxizität des Plastiks auf die aquatischen Lebewesen bestimmen zu können. In Abhängigkeit von den Transportmechanismen des Mikroplastiks sind diese unterschiedlich stark exponiert und damit unterschiedlich stark bedroht. Daher ist es unerlässlich, Hotspots und Senken in der aquatischen Umwelt aufzudecken.

Für ein umfassendes Bild der Verschmutzung unserer Umwelt mit Kunststoffen muss es in Zukunft auch mehr Studien zu Meso- und Makroplastik geben, da beide als Quellen für Mikroplastik dienen. Blettler et al. (2018) merken an, dass sich 76 % der Studien in Fließgewässern auf Mikroplastik fokussieren, jedoch nur 19 % Makro- und nur 5 % Mesoplastik untersuchen.

Zusammenfassend stellen Eerkes-Medrano et al. (2015) sieben Punkte auf, die in Zukunft für Fließgewässer genauer betrachtet werden müssen:

1. Entwicklung einer optimalen Methodik zum Monitoring von Mikroplastik in Süßgewässersystemen
2. Quantifizierung aller Aspekte, die das Vorhandensein, die Quantität und die Verteilung von Mikroplastik in der Umwelt beeinflussen
3. Betrachtung des Abbauverhaltens einschließlich der Partikellebensdauer und des endgültigen Verbleibs in Süßwasser
4. Bewertung des Potenzials von Flüssen, ein Eintragspfad für Mikroplastik in die Ozeane zu sein
5. Bewertung und Verständnis mikroplastischer Wechselwirkungen mit Biota
6. Bewertung mikroplastischer Auswirkungen auf Ökosystemleistungen
7. Bewertung der Folgen von Mikroplastik für den Menschen

Ebenfalls wichtig zu beantworten wären außerdem folgende zwei Fragen:

8. Wie wird Mikroplastik im Gewässer transportiert?
9. Wie können wir die Kontamination der aquatischen Umwelt stoppen?

Erst nach der Beantwortung dieser Fragen können wir die Auswirkungen von Mikroplastik in der aquatischen Umwelt besser definieren und abschätzen. Im Hinblick auf die immer noch steigende Kunststoffproduktion wird die Relevanz dieser Fragen in Zukunft vermutlich noch wichtiger werden.

Abschließend bleibt festzuhalten, dass wir unbedingt einen bewussteren Umgang mit Kunststoffen benötigen, um den Eintrag von Mikroplastik in die aquatische Umwelt zu reduzieren oder sogar zu stoppen, und viele innovative Ideen und Vorhaben, um das Plastik, welches sich bereits in der aquatischen Umwelt befindet, wieder herauszuholen.

Was Sie aus diesem *essential* mitnehmen können

- Mikroplastik wurde bereits in allen Umweltbereichen nachgewiesen und akkumuliert sich dort aufgrund seiner Beständigkeit.
- Das „typische" Mikroplastikpartikel gibt es nicht – Mikroplastik kommt in unterschiedlichen Formen, Größen, Farben und Dichten vor.
- Es gibt zahlreiche Quellen und Eintragspfade für Mikroplastik in die Gewässer, auf einige davon können wir selbst Einfluss nehmen.
- Wir können bisher nur Vermutungen über die Senken von Mikroplastik in der Umwelt anstellen und müssen auf diesem Gebiet noch viel Forschungsarbeit leisten.
- Bisher konnte für die in der Umwelt vorliegenden Konzentrationen keine akuten Risiken für den Menschen nachgewiesen werden. Sollte die Belastung jedoch weiter ansteigen, ist hiervon auszugehen.

© Springer Fachmedien Wiesbaden GmbH, ein Teil von Springer Nature 2019
K. Waldschläger, *Mikroplastik in der aquatischen Umwelt,* essentials,
https://doi.org/10.1007/978-3-658-27766-6

Literatur

Andrady AL (2011) Microplastics in the marine environment. Mar Pollut Bull 62:1596–1605. https://doi.org/10.1016/j.marpolbul.2011.05.030

Arthur C, Baker J, Bamford H (2009) Proceedings of the International Research Workshop on the Occurence, Effects and Fate of Microplastic Marine Debris. Sept. 9–11, 2008. NOAA Technical Memorandum NOS-OR&R-30

Auman HJ, Ludwig JP, Giesy JP, Colborn T (1997) Plastic ingestion by Laysan albatross chicks on Sand Island, Midway Atoll, in 1994 and 1995. Albatross Biol Conserv 239–244

Bagaev A, Mizyuk A, Khatmullina L, Isachenko I, Chubarenko I (2017) Anthropogenic fibres in the Baltic Sea water column: field data, laboratory and numerical testing of their motion. Sci Total Environ 599–600:560–571. https://doi.org/10.1016/j.scitotenv.2017.04.185

Balestri E, Menicagli V, Ligorini V, Fulignati S, Raspolli Galletti AM, Lardicci C (2019) Phytotoxicity assessment of conventional and biodegradable plastic bags using seed germination test. Ecol Ind 102:569–580. https://doi.org/10.1016/j.ecolind.2019.03.005

Barnes DKA, Galgani F, Thompson RC, Barlaz M (2009) Accumulation and fragmentation of plastic debris in global environments. Philos Trans R Soc Lond B Biol Sci 364:1985–1998. https://doi.org/10.1098/rstb.2008.0205

Battulga B, Kawahigashi M, Oyuntsetseg B (2019) Distribution and composition of plastic debris along the river shore in the Selenga River basin in Mongolia. Environ Sci Pollut Res Int 26:14059–14072. https://doi.org/10.1007/s11356-019-04632-1

Baztan J, Carrasco A, Chouinard O, Cleaud M, Gabaldon JE, Huck T, Jaffrès L, Jorgensen B, Miguelez A, Paillard C, Vanderlinden J-P (2014) Protected areas in the Atlantic facing the hazards of micro-plastic pollution: first diagnosis of three islands in the Canary Current. Mar Pollut Bull 80:302–311. https://doi.org/10.1016/j.marpolbul.2013.12.052

Beaumont NJ, Aanesen M, Austen MC, Börger T, Clark JR, Cole M, Hooper T, Lindeque PK, Pascoe C, Wyles KJ (2019) Global ecological, social and economic impacts of marine plastic. Mar Pollut Bull 142:189–195. https://doi.org/10.1016/j.marpolbul.2019.03.022

Beer S, Garm A, Huwer B, Dierking J, Nielsen TG (2018) No increase in marine microplastic concentration over the last three decades – a case study from the Baltic Sea. Sci Total Environ 621:1272–1279. https://doi.org/10.1016/j.scitotenv.2017.10.101

Bertling J, Bertling R, Hamann L (2018) Kunststoffe in der Umwelt: Mikro- und Makro-plastik. Ursachen, Mengen, Umweltschicksale, Wirkungen, Lösungsansätze, Emp-fehlungen. Kurzfassung der Konsortialstudie. Fraunhofer-Institut für Umwelt-, Sicherheits- und Energietechnik UMSICHT (Hrsg.). Oberhausen

Bjorndal KA, Bolten AB, Lagueux CJ (1994) Ingestion of marine debris by juve-nile sea turtles in coastal Florida habitats. Mar Pollut Bull 28:154–158. https://doi.org/10.1016/0025-326X(94)90391-3

Blettler MCM, Abrial E, Khan FR, Sivri N, Espinola LA (2018) Freshwater plastic pollu-tion: recognizing research biases and identifying knowledge gaps. Water Res 143:416–424. https://doi.org/10.1016/j.watres.2018.06.015

Blight LK, Burger AE (1997) Occurrence of plastic particles in seabirds from the eas-tern North Pacific. Mar Pollut Bull 34:323–325. https://doi.org/10.1016/S0025-326X(96)00095-1

Boucher J, Friot D (2017) Primary microplastics in the oceans. A global evaluation of sour-ces. Gland: IUCN

Browne MA, Crump P, Niven SJ, Teuten E, Tonkin A, Galloway T, Thompson R (2011) Accumulation of microplastic on shorelines worldwide: sources and sinks. Environ Sci Technol 45:9175–9179. https://doi.org/10.1021/es201811s

Carpenter EJ, Smith KL (1972) Plastics on the Sargasso sea surface. Science 175:1240–1241

Chae D-H, Kim I-S, Kim S-K, Song YK, Shim WJ (2015) Abundance and distribution cha-racteristics of microplastics in surface seawaters of the Incheon/Kyeonggi coastal region. Arch Environ Contam Toxicol 69:269–278. https://doi.org/10.1007/s00244-015-0173-4

Chen Q, Reisser J, Cunsolo S, Kwadijk C, Kotterman M, Proietti M, Slat B, Ferrari F, Schwarz A, Levivier A, Yin D, Hollert H, Koelmans AA (2017) Pollutants in plastics within the north Pacific subtropical gyre. Environ Sci Technol. https://doi.org/10.1021/acs.est.7b04682

Cole M, Lindeque P, Halsband C, Galloway TS (2011) Microplastics as contaminants in the marine environment: a review. Mar Pollut Bull 62:2588–2597. https://doi.org/10.1016/j.marpolbul.2011.09.025

Costa MF, Ivar do Sul JA, Silva-Cavalcanti JS, Araújo MCB, Spengler A, Tourinho PS (2010) On the importance of size of plastic fragments and pellets on the strand-line: a snapshot of a Brazilian beach. Environ Monit Assess 168:299–304. https://doi.org/10.1007/s10661-009-1113-4

Costanza R, de Groot R, Sutton P, van der Ploeg S, Anderson SJ, Kubiszewski I, Farber S, Turner RK (2014) Changes in the global value of ecosystem services. Glob Environ Change 26:152–158. https://doi.org/10.1016/j.gloenvcha.2014.04.002

Derraik JGB (2002) The pollution of the marine environment by plastic debris: a review. Mar Pollut Bull 44:842–852

Desforges J-P, Hall A, McConnell B, Rosing-Asvid A, Barber JL, Brownlow A, de Guise S, Eulaers I, Jepson PD, Letcher RJ, Levin M, Ross PS, Samarra F, Víkingson G, Sonne C, Dietz R (2018) Predicting global killer whale population collapse from PCB pollution. Science 361:1373–1376. https://doi.org/10.1126/science.aat1953

Di M, Wang J (2018) Microplastics in surface waters and sediments of the Three Gorges Reservoir, China. Sci Total Environ 616–617:1620–1627. https://doi.org/10.1016/j.sci-totenv.2017.10.150

Dris R, Gasperi J, Rocher V, Saad M, Renault N, Tassin B (2015) Microplastic contamination in an urban area: a case study in Greater Paris. Environ Chem 12:592. https://doi.org/10.1071/EN14167

Dris R, Gasperi J, Mirande C, Mandin C, Guerrouache M, Langlois V, Tassin B (2017) A first overview of textile fibers, including microplastics, in indoor and outdoor environments. Environ Pollut 221:453–458. https://doi.org/10.1016/j.envpol.2016.12.013

Duis K, Coors A (2016) Microplastics in the aquatic and terrestrial environment: sources (with a specific focus on personal care products), fate and effects. Environ Sci Eur 28:2. https://doi.org/10.1186/s12302-015-0069-y

Eerkes-Medrano D, Thompson RC, Aldridge DC (2015) Microplastics in freshwater systems: a review of the emerging threats, identification of knowledge gaps and prioritisation of research needs. Water Res 75:63–82. https://doi.org/10.1016/j.watres.2015.02.012

Eriksen M, Lebreton LCM, Carson HS, Thiel M, Moore CJ, Borerro JC, Galgani F, Ryan PG, Reisser J (2014) Plastic pollution in the world's oceans: more than 5 trillion plastic pieces weighing over 250,000 tons afloat at sea. PLoS One 9:e111913. https://doi.org/10.1371/journal.pone.0111913

Eriksson C, Burton H (2003) Origins and biological accumulation of small plastic particles in fur seals from Macquarie Island. Ambio 32:380–384

European Bioplastics e. V. (2019) Bioplastics market data. https://www.european-bioplastics.org/market. Zugegriffen: 23. Apr. 2019

Fossi MC, Panti C, Guerranti C, Coppola D, Giannetti M, Marsili L, Minutoli R (2012) Are baleen whales exposed to the threat of microplastics? A case study of the Mediterranean fin whale (Balaenoptera physalus). Mar Pollut Bull 64:2374–2379. https://doi.org/10.1016/j.marpolbul.2012.08.013

Frias JPGL, Nash R (2019) Microplastics: finding a consensus on the definition. Mar Pollut Bull 138:145–147. https://doi.org/10.1016/j.marpolbul.2018.11.022

Fytili D, Zabaniotou A (2008) Utilization of sewage sludge in EU application of old and new methods – a review. Renew Sustain Energy Rev 12:116–140. https://doi.org/10.1016/j.rser.2006.05.014

Gallagher A, Rees A, Rowe R, Stevens J, Wright P (2016) Microplastics in the Solent estuarine complex, UK: an initial assessment. Mar Pollut Bull 102:243–249. https://doi.org/10.1016/j.marpolbul.2015.04.002

Gasperi J, Wright SL, Dris R, Collard F, Mandin C, Guerrouache M, Langlois V, Kelly FJ, Tassin B (2018) Microplastics in air: are we breathing it in? Curr Opin Environ Sci Health 1:1–5. https://doi.org/10.1016/j.coesh.2017.10.002

Geyer R, Jambeck JR, Law KL (2017) Production, use, and fate of all plastics ever made. Sci Adv 3:e1700782. https://doi.org/10.1126/sciadv.1700782

Gouin T, Avalos J, Brunning I, Brzuska K, de Graaf J, Kaumanns J et al (2015) Use of Micro-Plastic Beads in Cosmetic Products in Europe and Their Estimated Emissions to the North Sea Environment. SOFW J 141(4):40–46

Hardesty BD, Harari J, Isobe A, Lebreton L, Maximenko N, Potemra J, van Sebille E, Vethaak AD, Wilcox C (2017) Using numerical model simulations to improve the understanding of micro-plastic distribution and pathways in the marine environment. Front Mar Sci 4:1985. https://doi.org/10.3389/fmars.2017.00030

Hernandez E, Nowack B, Mitrano DM (2017) Polyester textiles as a source of microplastics from households: a mechanistic study to understand microfiber release during was-
hing. Environ Sci Technol 51:7036–7046. https://doi.org/10.1021/acs.est.7b01750

Hester RE, Harrison RM (Hrsg) (2019) Plastics and the environment. Issues in environmental science and technology, vol 47. Royal Society of Chemistry, Cambridge

Hohenblum P, Frischenschlager H, Reisinger H, Konecny R, Uhl M, Mühlegger S, Haber-
sack H, Liedermann M, Gmeiner P, Weidenhiller B, Fischer N, Rindler R (2015) Plastik
in der Donau: Untersuchung zum Vorkommen von Kunststoffen in der Donau in Öster-
reich. Im Auftrag des BMLFUW und der Ämter der LR Oberösterreich, Niederöster-
reich und Wien

Hopmann C, Michaeli W (2015) Einführung in die Kunststoffverarbeitung, 7., überarbei-
tete underweiterte Aufl. Hanser, München

Horton AA, Walton A, Spurgeon DJ, Lahive E, Svendsen C (2017) Microplastics in freshwater and terrestrial environments: evaluating the current understanding to identify the
knowledge gaps and future research priorities. Sci Total Environ 586:127–141. https://
doi.org/10.1016/j.scitotenv.2017.01.190

Hurley R, Woodward J, Rothwell JJ (2018) Microplastic contamination of river beds sig-
nificantly reduced by catchment-wide flooding. Nat Geosci 10:124006. https://doi.
org/10.1038/s41561-018-0080-1

Imhof HK, Ivleva NP, Schmid J, Niessner R, Laforsch C (2013) Contamination of beach
sediments of a subalpine lake with microplastic particles. Curr Biol 23:R867–R868.
https://doi.org/10.1016/j.cub.2013.09.001

Jambeck JR, Geyer R, Wilcox C, Siegler TR, Perryman M, Andrady A, Narayan R, Law
KL (2015) Marine pollution. Plastic waste inputs from land into the ocean. Science
347:768–771. https://doi.org/10.1126/science.1260352

Koelmans AA, Besseling E, Foekema E, Kooi M, Mintenig S, Ossendorp BC, Redon-
do-Hasselerharm PE, Verschoor A, van Wezel AP, Scheffer M (2017a) Risks of plastic
debris: unravelling fact, opinion, perception, and belief. Environ Sci Technol 51:11513–
11519. https://doi.org/10.1021/acs.est.7b02219

Koelmans AA, Kooi M, Law KL, van Sebille E (2017b) All is not lost: deriving a top-down
mass budget of plastic at sea. Environ Res Lett. https://doi.org/10.1088/1748-9326/aa9500

Kole PJ, Löhr AJ, van Belleghem FGAJ, Ragas AMJ (2017) Wear and tear of tyres: a
stealthy source of microplastics in the environment. Int J Environ Res Public Health
14:1265. https://doi.org/10.3390/ijerph14101265

Kooi M, van Nes EH, Scheffer M, Koelmans AA (2017) Ups and downs in the ocean:
effects of biofouling on vertical transport of microplastics. Environ Sci Technol
51:7963–7971. https://doi.org/10.1021/acs.est.6b04702

Kramm J, Völker C (2018) Understanding the risks of microplastics: a social-ecological
risk perspective. In: Wagner M, Lambert S, Besseling E, Biginagwa FJ (Hrsg) Freshwater microplastics: emerging environmental contaminants?. Springer Open, Cham,
S 223–237

Law KL, Morét-Ferguson S, Maximenko NA, Proskurowski G, Peacock EE, Hafner J,
Reddy CM (2010) Plastic accumulation in the North Atlantic subtropical gyre. Science
329:1185–1188. https://doi.org/10.1126/science.1192321

Lebreton L, Slat B, Ferrari F, Sainte-Rose B, Aitken J, Marthouse R, Hajbane S, Cunsolo S,
Schwarz A, Levivier A, Noble K, Debeljak P, Maral H, Schoeneich-Argent R, Brambini
R, Reisser J (2018) Evidence that the Great Pacific garbage patch is rapidly accumula-
ting plastic. Sci Rep 8:4666. https://doi.org/10.1038/s41598-018-22939-w

Lebreton LCM, van der Zwet J, Damsteeg J-W, Slat B, Andrady A, Reisser J (2017) River plastic emissions to the world's oceans. Nat Commun 8:15611. https://doi.org/10.1038/ncomms15611

Lechner A, Keckeis H, Lumesberger-Loisl F, Zens B, Krusch R, Tritthart M, Glas M, Schludermann E (2014) The Danube so colourful: a potpourri of plastic litter outnumbers fish larvae in Europe's second largest river. Environ Pollut 188:177–181. https://doi.org/10.1016/j.envpol.2014.02.006

Lechthaler S, Dolny R, Spelthahn V, Pinnekamp J, Linnemann V (2019) Sampling concept for microplastics in combined sewage-affected freshwater and freshwater sediments. Fund App Lim. https://doi.org/10.1127/fal/2019/1176

Leslie HA, van Velzen MJM, Vethaak AD (2013) Microplastic survey in the Dutch environment. Novel data set of microplastics in North Sea sediments, treated wastewater effluents and marine biota. Final Report R-13/11. Hg. v. IVM Institute for Environmental Studies. IVM Institute for Environmental Studies. Amsterdam (No. L476 (RvA))

Liebezeit G, Liebezeit E (2014) Synthetic particles as contaminants in German beers. Food Addit Contam Part A Chem Anal Control Expo Risk Assess 31:1574–1578. https://doi.org/10.1080/19440049.2014.945099

Liebmann B (2015) Mikroplastik in der Umwelt: Vorkommen, Nachweis und Handlungsbedarf. Report/Umweltbundesamt, REP-0550. Umweltbundesamt, Wien

Lusher AL, Tirelli V, O'Connor I, Officer R (2015) Microplastics in Arctic polar waters: the first reported values of particles in surface and sub-surface samples. Sci Rep 5:14947. https://doi.org/10.1038/srep14947

Lusher AL, Welden NA, Sobral P, Cole M (2017) Sampling, isolating and identifying microplastics ingested by fish and invertebrates. Anal Methods 9:1346–1360. https://doi.org/10.1039/C6AY02415G

Magnusson K, Norén F (2014) Screening of microplastic particles in an down-stream a wastewater treatment plant. IVL Swedish Environmental Research Institute. Stockholm (C 55)

Mason SA, Welch VG, Neratko J (2018) Synthetic polymer contamination in bottled water. Front Chem 6:407. https://doi.org/10.3389/fchem.2018.00407

Mathalon A, Hill P (2014) Microplastic fibers in the intertidal ecosystem surrounding Halifax Harbor, Nova Scotia. Mar Pollut Bull 81:69–79. https://doi.org/10.1016/j.marpolbul.2014.02.018

Mintenig SM, Int-Veen I, Löder MGJ, Gerdts G (2014) Mikroplastik in ausgewählten Kläranlagen des Oldenburgisch-Ostfriesischen Wasserverbandes (OOWV) in Niedersachsen. Probenanalyse mittels Mikro-FTIR Spektroskopie. Hg. v. Alfred-Wegener-Institut, Helmholtz-Zentrum für Polar- und Meeresforschung. Helgoland

Moore CJ, Moore SL, Leecaster MK, Weisberg SB (2001) A comparison of plastic and plankton in the North Pacific central gyre. Mar Pollut Bull 42:1297–1300. https://doi.org/10.1016/S0025-326X(01)00114-X

Naidoo T, Glassom D, Smit AJ (2015) Plastic pollution in five urban estuaries of KwaZulu-Natal, South Africa. Mar Pollut Bull 101:473–480. https://doi.org/10.1016/j.marpolbul.2015.09.044

Napper IE, Bakir A, Rowland SJ, Thompson RC (2015) Characterisation, quantity and sorptive properties of microplastics extracted from cosmetics. Mar Pollut Bull 99:178–185. https://doi.org/10.1016/j.marpolbul.2015.07.029

Nel HA, Dalu T, Wasserman RJ (2018) Sinks and sources: assessing microplastic abundance in river sediment and deposit feeders in an Austral temperate urban river system. Sci Total Environ 612:950–956. https://doi.org/10.1016/j.scitotenv.2017.08.298

Norén F, Naustvoll LJ (2011) Survey of microcsopic anthropogenic particles in Skagerrak. Bericht TA-2777/2011

Novotny TE, Slaughter E (2014) Tobacco product waste: an environmental approach to reduce tobacco consumption. Curr Environ Health Rep 1:208–216. https://doi.org/10.1007/s40572-014-0016-x

Obbard RW, Sadri S, Wong YQ, Khitun AA, Baker I, Thompson RC (2014) Global warming releases microplastic legacy frozen in Arctic Sea ice. Earth's Future 2:315–320. https://doi.org/10.1002/2014EF000240

OECD (2017) Waste. OECD

Peeken I, Primpke S, Beyer B, Gütermann J, Katlein C, Krumpen T, Bergmann M, Hehemann L, Gerdts G (2018) Arctic sea ice is an important temporal sink and means of transport for microplastic. Nat Commun 9:e1600582. https://doi.org/10.1038/s41467-018-03825-5

PlasticsEurope (2016) Plastics – the facts: published on the occasion of the special presentation of K 2016. Messe Düsseldorf, Düsseldorf

PlasticsEurope (2019) Plastics – the Facts 2018: an analysis of European plastics production, demand and waste data

Podbregar N, Lohmann D (Hrsg) (2014) Im Fokus: Meereswelten: Müllkippe Meer – ein Ökodesaster mit Langzeitfolgen. Springer, Berlin

Podbregar N, Heitkamp A, Lohmann D (2014) Im Fokus: Meereswelten: Reise in die unbekannten Tiefen der Ozeane. Springer Spektrum Sachbuch, Berlin

Porter A, Lyons BP, Galloway TS, Lewis C (2018) Role of marine snows in microplastic fate and bioavailability. Environ Sci Technol 52:7111–7119. https://doi.org/10.1021/acs.est.8b01000

Provencher JF, Bond AL, Avery-Gomm S, Borrelle SB, Bravo Rebolledo EL, Hammer S, Kühn S, Lavers JL, Mallory ML, Trevail A, van Franeker JA (2017) Quantifying ingested debris in marine megafauna: a review and recommendations for standardization. Anal Methods 9:1454–1469. https://doi.org/10.1039/C6AY02419J

Ryan PG (1988) The characteristics and distribution of plastic particles at the sea-surface off the southwestern Cape Province, South Africa. Mar Environ Res 25:249–273. https://doi.org/10.1016/0141-1136(88)90015-3

Slaughter E, Gersberg RM, Watanabe K, Rudolph J, Stransky C, Novotny TE (2011) Toxicity of cigarette butts, and their chemical components, to marine and freshwater fish. Tob Control 20(Suppl 1):i25–i29. https://doi.org/10.1136/tc.2010.040170

Somborn-Schulz A (2017) Mikroplastik. Wasser Abfall 19:26–30. https://doi.org/10.1007/s35152-017-0023-y

Song YK, Hong SH, Jang M, Han GM, Rani M, Lee J, Shim WJ (2015) A comparison of microscopic and spectroscopic identification methods for analysis of microplastics in environmental samples. Mar Pollut Bull 93:202–209. https://doi.org/10.1016/j.marpolbul.2015.01.015

Spelthahn V, Dolny R, Giese C, Griebel K, Lechthaler S, Pinnekamp J, Linnemann V (2019) Mikroplastik aus Mischsystemen: Conference Paper: 52. Essener Tagungs für Wasser- und Abfallwirtschaft. Gewässerschutz – Wasser – Abfall

Stolte A, Forster S, Gerdts G, Schubert H (2015) Microplastic concentrations in beach sediments along the German Baltic coast. Mar Pollut Bull 99:216–229. https://doi.org/10.1016/j.marpolbul.2015.07.022

Su L, Xue Y, Li L, Yang D, Kolandhasamy P, Li D, Shi H (2016) Microplastics in Taihu Lake, China. Environ Pollut 216:711–719. https://doi.org/10.1016/j.envpol.2016.06.036

Thompson RC, Olsen Y, Mitchell RP, Davis A, Rowland SJ, John AWG, McGonigle D, Russell AE (2004) Lost at sea: where is all the plastic? Science 304:838. https://doi.org/10.1126/science.1094559

Thompson RC, Swan SH, Moore CJ, Vom Saal FS (2009) Our plastic age. Philos Trans R Soc Lond B Biol Sci 364:1973–1976. https://doi.org/10.1098/rstb.2009.0054

Tsang YY, Mak CW, Liebich C, Lam SW, Sze ET-P, Chan KM (2017) Microplastic pollution in the marine waters and sediments of Hong Kong. Mar Pollut Bull 115:20–28. https://doi.org/10.1016/j.marpolbul.2016.11.003

United Nations (2018) Nature-based solutions for water. The United Nations world water development report, vol 2018. United Nations Educational, Scientific and Cultural Organization, Paris

van Cauwenberghe L, Vanreusel A, Mees J, Janssen CR (2013) Microplastic pollution in deep-sea sediments. Environ Pollut 182:495–499. https://doi.org/10.1016/j.envpol.2013.08.013

van Cauwenberghe L, Claessens M, Vandegehuchte MB, Janssen CR (2015) Microplastics are taken up by mussels (Mytilus edulis) and lugworms (Arenicola marina) living in natural habitats. Environ Pollut 199:10–17. https://doi.org/10.1016/j.envpol.2015.01.008

van Sebille E, England MH, Froyland G (2012) Origin, dynamics and evolution of ocean garbage patches from observed surface drifters. Environ Res Lett 7:44040. https://doi.org/10.1088/1748-9326/7/4/044040

Vermeiren P, Muñoz CC, Ikejima K (2016) Sources and sinks of plastic debris in estuaries: a conceptual model integrating biological, physical and chemical distribution mechanisms. Mar Pollut Bull 113:7–16. https://doi.org/10.1016/j.marpolbul.2016.10.002

Vianello A, Boldrin A, Guerriero P, Moschino V, Rella R, Sturaro A, Da Ros L (2013) Microplastic particles in sediments of Lagoon of Venice, Italy: first observations on occurrence, spatial patterns and identification. Estuar Coast Shelf Sci 130:54–61. https://doi.org/10.1016/j.ecss.2013.03.022

Wagner M, Scherer C, Alvarez-Muñoz D, Brennholt N, Bourrain X, Buchinger S, Fries E, Grosbois C, Klasmeier J, Marti T, Rodriguez-Mozaz S, Urbatzka R, Vethaak AD, Winther-Nielsen M, Reifferscheid G (2014) Microplastics in freshwater ecosystems: what we know and what we need to know. Environ Sci Eur 26:12. https://doi.org/10.1186/s12302-014-0012-7

Waldschläger K, Schüttrumpf H (2019) Effects of particle properties on the settling and rise velocities of microplastics in freshwater under laboratory conditions. Environ Sci Technol 53:1958–1966. https://doi.org/10.1021/acs.est.8b06794

Wang W, Ndungu AW, Li Z, Wang J (2017) Microplastics pollution in inland freshwaters of China: a case study in urban surface waters of Wuhan, China. Sci Total Environ 575:1369–1374. https://doi.org/10.1016/j.scitotenv.2016.09.213

Wang T, Zou X, Li B, Yao Y, Li J, Hui H, Yu W, Wang C (2018) Microplastics in a wind farm area: a case study at the Rudong Offshore Wind Farm, Yellow Sea, China. Mar Pollut Bull 128:466–474. https://doi.org/10.1016/j.marpolbul.2018.01.050

Watkins L, McGrattan S, Sullivan PJ, Walter MT (2019) The effect of dams on river transport of microplastic pollution. Sci Total Environ 664:834–840. https://doi.org/10.1016/j.scitotenv.2019.02.028

Watts AJR, Urbina MA, Goodhead R, Moger J, Lewis C, Galloway TS (2016) Effcct of microplastic on the gills of the shore crab Carcinus maenas. Environ Sci Technol 50:5364–5369. https://doi.org/10.1021/acs.est.6b01187

Wilber RJ (1987) Plastics in the North Atlantic. Oceanus 30:61–68

Woodall LC, Sanchez-Vidal A, Canals M, Paterson GLJ, Coppock R, Sleight V, Calafat A, Rogers AD, Narayanaswamy BE, Thompson RC (2014) The deep sea is a major sink for microplastic debris. R Soc Open Sci 1:140317. https://doi.org/10.1098/rsos.140317

Worm B, Barbier EB, Beaumont N, Duffy JE, Folke C, Halpern BS, Jackson JBC, Lotze HK, Micheli F, Palumbi SR, Sala E, Selkoe KA, Stachowicz JJ, Watson R (2006) Impacts of biodiversity loss on ocean ecosystem services. Science 314:787–790. https://doi.org/10.1126/science.1132294

Wright SL, Thompson RC, Galloway TS (2013) The physical impacts of microplastics on marine organisms: a review. Environ Pollut 178:483–492. https://doi.org/10.1016/j.envpol.2013.02.031

Zeng EY (Hrsg) (2018) Microplastic contamination in aquatic environments: an emerging matter of environmental urgency. Elsevier, Amsterdam

Zettler ER, Mincer TJ, Amaral-Zettler LA (2013) Life in the "plastisphere": microbial communities on plastic marine debris. Environ Sci Technol 47:7137–7146. https://doi.org/10.1021/es401288x

Zhang K, Xiong X, Hu H, Wu C, Bi Y, Wu Y, Zhou B, Lam PKS, Liu J (2017) Occurrence and characteristics of microplastic pollution in Xiangxi Bay of Three Gorges Reservoir, China. Environ Sci Technol 51:3794–3801. https://doi.org/10.1021/acs.est.7b00369

Zubris KAV, Richards BK (2005) Synthetic fibers as an indicator of land application of sludge. Environ Pollut 138:201–211. https://doi.org/10.1016/j.envpol.2005.04.013

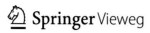

Printed in the United States
By Bookmasters